国家职业资格培训教材

维修电工（中级）
鉴定培训教材

国家职业资格培训教材编审委员会 组编

王兆晶 主编

机械工业出版社

本教材是依据《国家职业技能标准》维修电工(中级)的知识要求,紧扣国家职业技能鉴定理论知识考试的需要编写的,主要内容包括:电工仪器仪表的使用与维护、电气设备的使用与维修、低压电器和电动机控制电路的应用、一般机械设备电气控制电路的检修、电子技术和电力电子技术、可编程序控制器技术、自动控制元件的应用。每章前有培训目标,章末有复习思考题,以便于企业培训和读者自测。

本教材既可作为各级职业技能鉴定培训机构、企业培训部门的考前培训教材,又可作为读者考前复习用书,还可作为职业技术院校、技工院校的专业课教材。

图书在版编目(CIP)数据

维修电工(中级)鉴定培训教材/王兆晶主编. —北京:机械工业出版社,2011.1(2023.2重印)
国家职业资格培训教材
ISBN 978-7-111-32137-8

Ⅰ.①维... Ⅱ.①王... Ⅲ.①电工—维修—职业技能鉴定—教材 Ⅳ.①TM07

中国版本图书馆 CIP 数据核字(2010)第 194392 号

机械工业出版社(北京市百万庄大街22号 邮政编码100037)
策划编辑:王振国 责任编辑:王振国
责任校对:肖 琳 封面设计:饶 薇
责任印制:单爱军
北京虎彩文化传播有限公司印刷
2023 年 2 月第 1 版第 12 次印刷
148mm×210mm·9.125 印张·1 插页·257 千字
标准书号:ISBN 978-7-111-32137-8
定价:29.80 元

国家职业资格培训教材
编审委员会

序

　　为落实国家人才发展战略目标，加快培养一大批高素质的技能型人才，我们精心策划了与原劳动和社会保障部《国家职业标准》配套的《国家职业资格培训教材》。这套教材涵盖 41 个职业，共172 种，2005 年出版后，以其兼顾岗位培训和鉴定培训需要，理论、技能、题库合一，便于自检自测，受到全国各级培训、鉴定部门和技术工人的欢迎，基本满足了培训、鉴定、考工和读者自学的需要，为培养技能人才发挥了重要作用，本套教材也因此成为国家职业资格培训的品牌教材。JJJ——"机工技能教育"品牌已深入人心。

　　按照国家"十一五"高技能人才培养体系建设的主要目标，到"十一五"期末，全国技能劳动者总量将达到 1.1 亿人，高级工、技师、高级技师总量均有大幅增加。因此，从 2005 年至 2009 年的五年间，参加职业技能鉴定的人数和获取职业资格证书的人数年均增长达 10% 以上，2009 年全国参加职业技能鉴定和获取职业资格证书的人数均已超过 1200 万人。这种趋势在"十二五"期间还将会得以延续。

　　为满足职业技能鉴定培训的需要，我们经过充分调研，决定在已经出版的《国家职业资格培训教材》的基础上，贯彻"围绕考点，服务鉴定"的原则，紧扣职业技能鉴定考核要求，根据企业培训部门、技能鉴定部门和读者的不同需求进行细化，分别编写理论鉴定培训教材系列、操作技能鉴定实战详解系列和职业技能鉴定考核试题库系列。

　　《国家职业资格培训教材——鉴定培训教材系列》用于国家职业技能鉴定理论知识考试前的理论培训。它主要有以下特色：

　　● 汲取国家职业资格培训教材精华——保留国家职业资格培训教材的精华内容，考虑企业和读者的需要，重新整合、更新、补充和完善培训教材的内容。

- 依据最新国家职业标准要求编写——以《国家职业技能标准》要求为依据，以"实用、够用"为宗旨，以便于培训为前提，提炼重点培训和复习的内容。

- 紧扣国家职业技能鉴定考核要求——按复习指导形式编写，教材中的知识点紧扣职业技能鉴定考核的要求，针对性强，适合技能鉴定考试前培训使用。

《国家职业资格培训教材——操作技能鉴定实战详解系列》用于国家职业技能鉴定操作技能考试前的突击冲刺、强化训练。它主要有以下特色：

- 重点突出，具有针对性——依据技能考核鉴定点设计，目的明确。

- 内容全面，具有典型性——图样、评分表、准备清单，完整齐全。

- 解析详细，具有实用性——工艺分析、操作步骤和重点解析详细。

- 练考结合，具有实战性——单项训练题、综合训练题，步步提升。

《国家职业资格培训教材——职业技能鉴定考核试题库系列》用于技能培训、鉴定部门命题和参加技能鉴定人员复习、考核和自检自测。它主要有以下特色：

- 初级、中级、高级、技师、高级技师各等级全包括。
- 试题可行性、代表性、针对性、通用性、实用性强。
- 考核重点、理论题、技能题、答案、鉴定试卷齐全。

这些教材是《国家职业资格培训教材》的扩充和完善，在编写时，我们重点考虑了以下几个方面：

在工种选择上，选择了机电行业的车工、铣工、钳工、机修钳工、汽车修理工、制冷设备维修工、铸造工、焊工、冷作钣金工、热处理工、涂装工、维修电工等近二十个主要工种。

在编写依据上，依据最新国家职业标准，紧扣职业技能鉴定考核要求编写。对没有国家职业标准，但社会需求量大且已单独培训和考核的职业，则以相关国家职业标准或地方鉴定标准和要求为依据编写。

在内容安排上，提炼应重点培训和复习的内容，突出"实用、够用"，重在教会读者掌握必需的专业知识和技能，掌握各种类型题的应试技巧和方法。

在作者选择上，共有十几个省、自治区、直辖市相关行业200多名从事技能培训和考工的专家参加编写。他们既了解技能鉴定的要求，又具有丰富的教材编写经验。

全套教材既可作为各级职业技能鉴定培训机构、企业培训部门的考前培训教材，又可作为读者考前复习和自测使用的复习用书，也可供职业技能鉴定部门在鉴定命题时参考，还可作为职业技术院校、技工院校、各种短训班的专业课教材。

在这套教材的调研、策划、编写过程中，曾经得到许多企业、鉴定培训机构有关领导、专家的大力支持和帮助，在此表示衷心的感谢！

虽然我们在编写这套培训教材中尽了最大努力，但教材中难免存在不足之处，诚恳地希望专家和广大读者批评指正。

国家职业资格培训教材编审委员会

前　言

　　为了进一步提高维修电工从业人员的基本素质和理论知识，增强各级、各类职业学校在校生的就业能力，满足本工种职业技能培训、考核、鉴定等工作的迫切需要，我们精心组织了部分经验丰富的讲师、工程师、技师共同编写了这本《维修电工（中级）鉴定培训教材》。

　　本书是根据中华人民共和国人力资源和社会保障部制定的国家职业技能标准《维修电工》组织编写的，以现行电器和设备维修、电气施工及验收规范为依据，以实用、够用为宗旨，力求浓缩、精炼、科学、规范、先进。

　　本书由王兆晶任主编，阎伟和刘传顺任副主编，参加编写的人员还有宋明学、王兰军、孙斌。

　　编者在编写过程中参阅了大量的相关规范、规定、图册、手册、教材及技术资料等，并借用了部分图表，在此向原作者致以衷心的感谢。如有不敬之处，恳请见谅。

　　由于教材知识覆盖面较广，涉及的标准、规范较多，加之时间仓促、编者水平有限，书中难免存在缺点和不足，敬请各位同行、专家和广大读者批评指正，以期再版时臻于完善。

编　者

目 录
MU LU

第一章

电工仪器仪表的使用与维护

培训目标 熟悉电工常用仪器仪表的用途和结构；掌握常用仪表的接线方法、使用与维护方法；掌握常用仪器的使用与维护方法。

第一节 常用仪器仪表的使用

一、功率表

功率表又称为瓦特表，是用来测量电功率的仪表。相对于其他仪表，功率表的使用较为复杂，其复杂性主要体现在接线方法上。

1. 单相功率表

（1）选择 功率表的选择主要是指量程的选择，即正确选择功率表的电流量程和电压量程。其原则是：电流量程能允许通过负载电流，电压量程能承受负载电压。

但若被测电路的功率因数特别低（如变压器空载损耗测量时仅为 0.2 左右），则应选用低功率因数的功率表。

（2）接线方法 功率的测量必须反映电压、电流两个物理量，因而在表内分别设有电压线圈和电流线圈。这两个线圈在表的板面上各有两组接线柱，且其中均有一端标有"＊"符号，如图 1-1a 所示。

功率表接线必须把握的两条原则是：第一，电压线圈与被测电路并联，电流线圈与被测电路串联（注意：切不可与负载并联!）；第二，带有符号"＊"的电压、电流接线柱必须同为进线。具体做法是：有符号"＊"的电流接线柱应接电源端，另一接线柱接负载端；标有符号"＊"的电压接线柱一定要接在带有符号"＊"的电流接线柱所接的那根电源线上，无符号的接线柱接在电源的另一根线上。

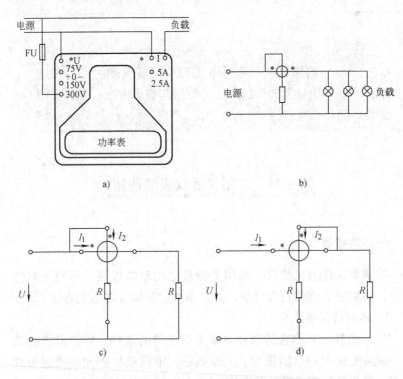

图 1-1　功率表的两种接线方法

a）接线方法　b）接线原理　c）电压线圈前接方式　d）电压线圈后接方式

　　为减少测量误差，根据负载大小，功率表的正确接线有两种方式可供选择，即电压线圈前接方式和电压线圈后接方式，如图 1-1c、d 所示。当负载电阻较大（电流较小）时，应选用电压线圈前接方式；当负载电阻较小（电流较大）时，应选用电压线圈后接方式。

　　接线时，应合理选择电压、电流的量程，并正确读取数据，所选择的电压、电流量程的乘积为功率表的满偏数值。

当所测电路的功率较大，电流超过了功率表的量程时，应加接电流互感器，如图 1-2 所示。为使功率表的电流线圈和电压线圈的电源端处在同一电位上，应将电流互感器的二次绕组 L_2 和一次绕组 L_1 连接。

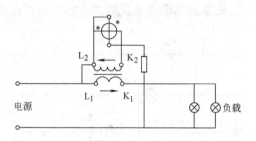

图 1-2　带电流互感器的单相功率表的接线方法

　　2. 三相功率的测量

　　三相有功功率的测量，视三相负载的对称情况，可采取不同的测量方法，但从功率表的选择情况看，不外乎单相功率表或三相功率表。

　　（1）单相功率表测三相有功功率　当三相负载对称时，可采用如图 1-3 所示的"一表法"测量三相有功功率，将功率表的读数乘以 3 即为三相有功功率。在图 1-3a、b 所示的接线方式中，功率表电压线圈、电流线圈所反映的是负载的相电压和相电流。当星形联结

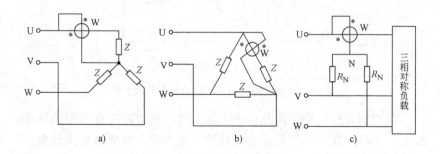

图 1-3　"一表法"测三相对称负载的功率

a）星形联结时　b）三角形联结时　c）人工中点法

负载中点不能引出或三角形联结负载不能拆开引线时，可采用图1-3c所示的人工中点法接线方式。其中 R_N 的阻值应等于电压线圈回路的总电阻，以保证人工中点 N 的电位为零。

当三相负载不对称时，若是三相四线制，应采用如图 1-4 所示的"三表法"，三只单相功率表的读数之和即为三相有功功率。

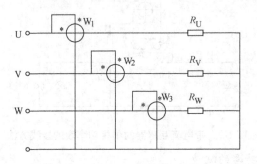

图1-4 "三表法"测三相四线制不对称负载的功率

当三相负载采用三相三线制时，则不论其对称与否，均可采用如图 1-5 所示的"两表法"测量三相有功功率。

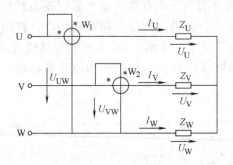

图1-5 "两表法"测三相三线制负载的功率

在"两表法"中，两只功率表的电流线圈应串接在不同的两相线上，并将标有"＊"号的接线柱接至电源侧，使通过电流线圈的电流为三相电路的线电流；两只功率表的电压线圈标有"＊"号的接线柱应接至各自电流线圈所在的相线上，而另一端均接到没有电流线圈的第三相上，以使得电压线圈上的电压为电源的线电压。

在"两表法"中，每只功率表上的读数本身是没有具体物理意义的，所测三相电路的有功功率大小为：若两只功率表的读数（P_1、P_2）为正，则三相有功功率 $P = P_1 + P_2$；若两只功率表中有一只读数为零，则三相有功功率 $P = P_1$ 或 $P = P_2$；若两只功率表中有一只读数为负，则先将该反转功率表的电流线圈反接以读取数值（设为 P_2）。此时，三相有功功率 $P = P_1 - P_2$。

（2）三相功率表测三相有功功率　三相功率表是利用"两表法"或"三表法"测量三相功率的原理，将两只或三只单相功率表的测量机构有机地合为一体而构成的。"两表法"用于三相三线对称负载的测量；"三表法"主要用于三相四线负载的测量。

用三相功率表测量有功功率时，通常因电压、电流较高，必须加接电压互感器和电流互感器。图 1-6 所示为三相二元件功率表加接电流、电压互感器的接线图。

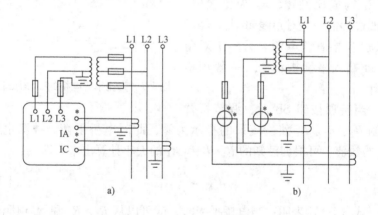

图 1-6　"一表法"测三相对称负载的功率
a）接线方法　b）接线原理

二、电桥

电桥是利用比较法测量电器参数的仪器，具有很高的准确度和灵敏度。它可以用来测量电阻、电容、电感等电路参数。它可分为测量电容、电感等交流参数的交流电桥和测量电阻等直流参数的直

流电桥。其中直流电桥又可分为单臂电桥和双臂电桥两种。

1. 单臂电桥

直流单臂电桥是一种用来测量电阻或与电阻有一定函数关系的比较仪器。它主要是由比例臂、比较臂（测量盘）、被测臂等构成的桥式电路。在测量时，它是根据被测量与已知量进行比较而得到测量结果的。此外，电桥还有多种用途，如高精度电桥的比较臂可作为精密电阻箱使用，比例臂可作为标准电阻使用，有时还可以作为提高测量精度的过渡仪器用。

(1) 单臂电桥的工作原理　直流单臂电桥的工作原理如图 1-7 所示。

图 1-7　直流单臂电桥的工作原理

电阻 R_X、R_2、R_3 和 R_4 接成封闭四边形。其中 R_X 为被测臂，R_2 和 R_3 构成比例臂，R_4 为比较臂。在四边形的一条对角线 ab 上，经过按钮 SB 接直流电源。另一个对角线 cd 接入平衡指示器（一般用检流计）。

当接通按钮 SB 后，调节桥臂电阻 R_2、R_3、R_4 使检流计的指示为零，此时电桥平衡。被测电阻 R_X 的数值，可根据已知的 R_2/R_3 和 R_4 的大小计算出来，即

$$R_X = \frac{R_2}{R_3}R_4 \tag{1-1}$$

式（1-1）表明：当电桥平衡时，就可以从 R_2、R_3 和 R_4 电阻的关系式中，求得被测的电阻 R_X 值。因此，用电桥测量电阻实际上是将被测电阻与已知电阻进行比较从而求得测量结果。只要比例臂的电阻和比较臂的电阻 R_2、R_3 和 R_4 足够准确，则被测电阻 R_X 的测量精度就比较高。

直流单臂电桥按其准确度的不同分为：0.01、0.02、0.05、0.1、0.2、1.0、1.5、2.0 八个等级。电阻 R_2、R_3 制成比例臂的形式，R_4 是由若干个转盘的十进电阻箱构成。图 1-8 所示为 QJ23 型直

流单臂电桥面板示意图。在面板上装有 5 个转盘，其中左上角的转盘是 R_2/R_3 的比例臂，而右边的 4 个转盘是比较臂 R_4。从图中可见 R_2/R_3 的比值分成：×0.001、×0.01、×0.1、×1、×10、×100、×1000 七挡，由转换开关换接。比较臂 R_4 可得到 0 ~ 9999Ω 范围内的任意一个电阻值，最小步进值为 1Ω。

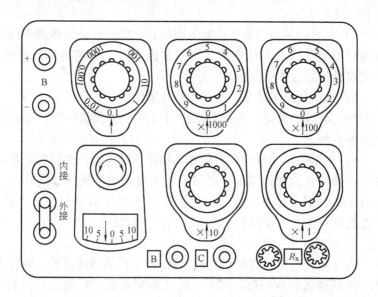

图 1-8　QJ23 型直流单臂电桥面板示意图

　　该电桥中的检流计是指针式的，如果灵敏度还需要提高时，可用短路片将指针式检流计的端钮短路，然后在标有"外接"字样的两个端钮上，接入所选用的检流计。

　　（2）单臂电桥的使用方法

　　1）使用前先将检流计的锁扣打开，并调节调零器使指针位于机械零点。

　　2）将被测电阻接在电桥 R_x 的接线柱上，必须选用较粗较短的连接导线，连接时应将接线柱拧紧，以减小连接线的电阻和接触电阻。接头的接触应良好，如果接触不良时，不仅接触电阻大，而且会使电桥的平衡处于不稳定状态，严重时还会损坏检流计。

3）根据被测电阻 R_X 估算值，选择合理的比例臂的数值（在一般情况下，使用电桥测量电阻往往不是盲目的，而是已知其大概的值域，只是用电桥测量其精确的数值）。比例臂的选择，应该使比较臂的第一转盘能用上。例如，若测量电阻 R_X 约为 12Ω 时，应选比例值为 10^{-2}，这时当比较臂的数值为 1199 时，则被测电阻 $R_X = 1199 \times 10^{-2}\Omega = 11.99\Omega$。

4）在进行测量时应先接通电源按钮。操作时先按粗调按钮，调比较臂电阻；待检流计指零后再按细调按钮，再次调比较臂电阻，待检流计指零后读取电桥上的数字。

5）电桥线路接通后，如果检流计指针向"＋"方向偏转，则需要增加比较臂的数值；反之若指针向"－"方向偏转时，应减小比较臂的数值。

6）电桥使用完毕后，必须先拆除或切断电源，然后拆除被测电阻，将检流计的锁扣锁上，以防止搬动过程中检流计被损坏。若检流计无锁扣时，可将检流计短路，以使检流计的可动部分摆动时，产生过阻尼阻止可动部分的摆动，以保护检流计。

2. 双臂电桥

直流双臂电桥是测量小电阻（1Ω 以下）的精密仪器。双臂电桥的工作原理如图 1-9 所示。图中 R_X 是被测电阻，R_n 是比较用的可调电阻。R_X 和 R_n 各有两对端钮，其中 C_1 和 C_2、$Cn1$ 和 $Cn2$ 是它们的

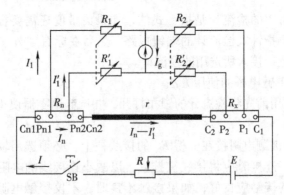

图 1-9　双臂电桥的工作原理

电流端钮，P_1 和 P_2、Pn1 和 Pn2 是它们的电位端钮。

接线时，必须使被测电阻 R_X 只在电位端钮 P_1 和 P_2 之间，而电流端钮在电位端钮的外侧，否则就不能排除和减少接线电阻与接触电阻对测量结果的影响。可调电阻 R_n 的电流端钮 Cn2 与被测电阻 R_X 的电流端钮 C_2 用电阻为 r 的粗导线连接起来。R_1、R_1'、R_2 和 R_2' 是桥臂电阻，其阻值均在 10Ω 以上。在结构上把 R_1 和 R_1' 以及 R_2 和 R_2' 做成同轴调节电阻，以便改变 R_1 或 R_2 的同时，R_1' 和 R_2' 也会随之变化，并能始终保持平衡，即

$$\frac{R_1'}{R_1} = \frac{R_2'}{R_2} \tag{1-2}$$

测量时接上 R_X 调节各桥臂电阻使电桥平衡。此时，因为 $I_g = 0$，可得到被测电阻 R_X 为

$$R_X = \frac{R_2}{R_1}R_n \tag{1-3}$$

由式（1-3）可见，被测电阻 R_X 仅取决于桥臂电阻 R_2 和 R_1 的比值及比较用的可调电阻 R_n 而与粗导线电阻 r 无关。比值 R_2/R_1 称为直流双臂电桥的倍率。所以电桥平衡时，被测电阻值等于倍率与比较用的可调电阻两者之积。

为了保证测量的准确性，连接 R_X 和 R_n 电流端钮的导线应尽量选用导电性能良好且短而粗的导线。只要能保证 $R_1'/R_1 = R_2'/R_2$，且 R_1、R_1'、R_2 和 R_2' 均大于 10Ω，r 又很小，且接线正确，直流双臂电桥就可较好地消除或减小接线电阻与接触电阻的影响。因此，用直流双臂电桥测量小电阻时，能得到较准确的测量结果。这里以 QJ44 型直流双臂电桥为例，介绍它的结构和使用方法。

（1）主要技术指标

1）总有效量程：$0.0001 \sim 11\Omega$，分 5 个量程。

2）允许误差极限：电桥的参考温度为 $(20 \pm 1.5)℃$，参考相对湿度为 $40\% \sim 60\%$；电桥的标称使用温度为 $(20 \pm 10)℃$，标称使用相对湿度为 $25\% \sim 80\%$。在参考温度和参考相对湿度的条件下，电桥各量程的允许误差极限为

$$E_{\lim} = \pm C\%\left(\frac{R_N}{10} + X\right) \tag{1-4}$$

式中　E_{lim}——允许误差极限（Ω）；

　　　X——标度盘示值（Ω）；

　　　C——等级的指数值；

　　　R_N——基准值。

3）主要参数：双臂电桥参数见表1-1。

表1-1　双臂电桥参数

量程倍率	有效量程/Ω	等级指数	基准值 R_N/Ω
×100	1~11	0.2	10
×10	0.1~1.1	0.2	1
×1	0.01~0.11	0.2	0.1
×0.1	0.001~0.011	0.5	0.01
×0.01	0.0001~0.0011	1	0.001

注意：① 相对湿度在参考条件下，温度超过参考温度范围，但在标称使用范围之内，由于温度变化引起的附加差不应超过相应一个等级指数值。

② 温度在参考条件下，湿度超过参考相对湿度范围，但在标称使用相对湿度范围之内，由于湿度变化引起的附加差不应超过相应一个等级指数值的20%。

③ 电桥的工作电源为1.5V（内附1.5V一号电池，6节并联），晶体管放大器工作电源为9V（6F22）叠层电池（3节并联）。

④ 内附晶体管指零仪的灵敏度可以调节。在测量0.01~11Ω范围内，在规定的电压下，当被测量电阻变化允许在一个极限误差时，指零仪的偏转大于或等于一个分格，就能满足测量准确度的要求。灵敏度不要过高，否则不易平衡，测量电阻时间不宜过长。

（2）前面板　QJ44型双臂电桥的前面板如图1-10所示。

（3）使用方法

1）在电桥外壳底部的电池盒内，装入1.5V一号电池（4~6节并联使用）和9V（6F22）叠层电池（3节并联使用），并联线内部已经连接好，此时电桥即能正常工作。如用外接直流电源1.5~2V时，电池盒内的1.5V电池应预先全部取出。

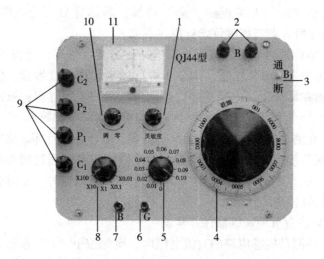

图 1-10　QJ44 型双臂电桥前面板

1—指零仪灵敏度调节旋钮　2—外接工作电源接线柱
3—晶体管检流计工作电源开关　4—滑线读数盘　5—步进读数盘
6—指零仪按钮　7—工作电源按钮　8—量程倍率读数开关
9—被测电阻接线柱　10—指零仪电气调零旋钮　11—指零仪指示表头

2）将被测电阻连接到电桥相应的 C_1、P_1、P_2、C_2 接线柱上，如图 1-11 所示，A、B 之间为被测电阻。

图 1-11　被测电阻的连接

3）将"B₁"开关扳到"通"位置，晶体管放大器电源接通，等待 5min 后，调节指零仪指针指在零位上。

4）估计被测电阻阻值大小，选择适当量程倍率，先按下"G"按钮，再按下"B"按钮，调节步进读数盘和滑线读数盘，使指零仪指针指在零位上，电桥平衡，被测量电阻按下式计算：被测电阻值（R_x）=量程倍率读数×（步进盘读数+滑线盘读数）。

5）在测量未知电阻时，为保护指零仪指针不被打坏，指零仪的灵敏度调节旋钮应放在最低位置，使电桥初步平衡后再增加指零仪灵敏度。在改变指零仪灵敏度或环境等因素的影响时，有时会引起指零仪指针偏离零位。

（4）注意事项和维修保养常识

1）在测量电感电路的直流电阻时，应先按下"B"按钮，再按下"G"按钮；断开时，先断开"G"按钮，后断开"B"按钮。

2）测量 0.1Ω 以下阻值时，"B"按钮应间歇使用。

3）在测量 0.1Ω 以下阻值时，C_1、P_1、C_2、P_2 接线柱到被测量电阻之间的连接导线电阻为 0.005~0.01Ω；测量其他阻值时，连接导线的电阻可不大于 0.005Ω。

4）电桥使用完毕后，"B"按钮与"G"按钮应松开。"B"开关应放在"断"位置，避免浪费晶体管检流计放大器的工作电源。

5）如果电桥长期搁置不用，应将电池取出。

6）仪器长期搁置不用，在接触处可能产生氧化，造成接触不良。为使接触良好，应涂上一薄层无酸性凡士林，予以保护。

7）电桥应放在环境温度 5~35℃、相对湿度 25%~80% 的环境内，室内空气中不应含有能腐蚀仪器的气体和有害杂质。

8）仪器应保持清洁，并避免阳光暴晒和剧烈振动。

9）仪器在使用中，如发现指零仪灵敏度显著下降，可能是因电池电量不足引起的，应更换新的电池。

三、晶体管特性图示仪

晶体管特性图示仪能在示波管荧光屏上直接显示各种晶体管的特性曲线，由于它具有使用方便、波形显示直观等优点，是目前使用极为广泛的一种图示仪。常用的图示仪有 JT—1 型和 XJ4810 型等，下面以 XJ4810 型晶体管特性图示仪为例进行说明。

XJ4810 型图示仪是一种晶体管特性图示仪，它既能测试 PNP、NPN 型晶体管的共发射极、共集电极和共基极的输出特性、输入特性、转移特性和参数特性，又能测量晶体管的各种极限参数。

1. 主要技术指标

（1）Y 轴偏转因数

集电极电流范围：$1 \times 10^{-5} \sim 0.5 \text{A/div}$。

二极管反向漏电流：$0.2 \sim 5 \mu\text{A/div}$。

基极电流或基极源电压：0.05V/div。

外接输入：0.05V/div。

偏转倍率：$\times 0.1$。

（2）X 轴偏转因数

集电极电压范围：$0.05 \sim 50 \text{V/div}$。

基极电压范围：$0.05 \sim 1 \text{V/div}$。

基极电流或基极源电压：0.05V/div。

外接输入：0.05V/div。

（3）阶梯信号

阶梯电流范围：$2 \times 10^{-4} \sim 50 \text{mA/级}$。

阶梯电压范围：$0.05 \sim 1 \text{V/级}$。

串联电阻：0、$10 \text{k}\Omega$、$1 \text{M}\Omega$。

每簇级数：$1 \sim 10$ 级连续可调。

每秒级数：200。

极性：正、负，分两挡。

（4）集电极扫描信号

峰值电压：$0 \sim 10 \text{V}$、$0 \sim 50 \text{V}$、$0 \sim 100 \text{V}$、$0 \sim 500 \text{V}$ 正或负连续可调。

电流容量：$0 \sim 10 \text{V}$ 范围内为 5A（平均值）；$0 \sim 50 \text{V}$ 范围内为 1A（平均值）；$0 \sim 100 \text{V}$ 范围内为 0.5A（平均值）；$0 \sim 500 \text{V}$ 范围内为 0.1A（平均值）。

功耗电阻：$0 \sim 0.5 \text{M}\Omega$。

14

最大功率：≈200。

2. 仪表面板及面板上各旋钮的作用

XJ4810 型晶体管特性图示仪的面板如图 1-12 所示。

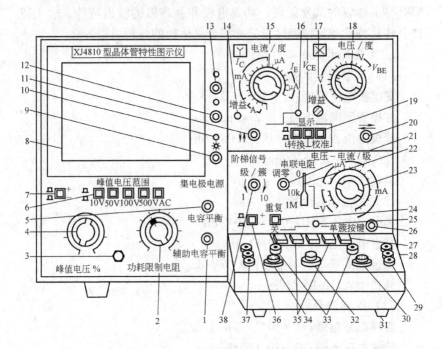

图 1-12　XJ4810 型晶体管特性图示仪的面板

1—辅助电容平衡开关　2—功耗电阻旋钮　3—集电极峰值电压熔断器

4—峰值电压旋钮　5—电容平衡开关　6—峰值电压范围开关

7—集电极电源极性按钮　8—荧光屏幕　9—电源及辉度调节开关

10—电源指示灯　11—垂直位移及电流/div 倍率开关　12—聚焦旋钮

13—辅助聚焦旋钮　14—Y 轴增益旋钮　15—Y 轴选择（电流/度）开关

16—电流/div×0.1 倍率指示灯　17—X 轴增益旋钮　18—X 轴选择电压/度开关

19—显示开关　20—X 轴位移开关　21—阶梯调零旋钮　22—串联电阻开关

23—阶梯信号选择开关　24—重复-关按钮　25—阶梯信号待触发指示灯

26—单簇按钮　27—测试选择开关　28—测试台　29、37—左右测试插座插孔

30、34—左右晶体管测试插座　31—零电压、零电流按钮　32—晶体管测试插座

33—二极管反向漏电流专用插座　35—二簇位移旋钮　36—极性开关

38—级/簇调节旋钮

（1）辅助电容平衡开关　是针对集电极变压器二次绕组对地电容的不对称，而再次进行的电容平衡调节。

（2）功耗电阻旋钮　串联在被测管的集电极电路上，限制功耗，亦可作为被测晶体管集电极的负载电阻。

（3）集电极峰值电压熔断器　1.5A。

（4）峰值电压旋钮　转动"峰值电压"旋钮，可以分 4 挡连续调节，精确的读数应由 X 轴偏转灵敏度读测。

（5）电容平衡开关　为了减小电容性电流造成的测量误差，测试前应调节电容平衡，使容性电流减至最小状态。

（6）峰值电压范围开关　用来选择集电极扫描信号电压的大小、共分为 4 挡。换挡时，需将"峰值电压"旋钮调到 0 值后再按需要的电压逐渐增加，否则容易击穿被测晶体管；AC 挡的设置专为二极管或其他元件的测试提供双向扫描专用，可同时显示器件正、反向的特性曲线。

（7）集电极电源极性按钮　测量 NPN 管时置"＋"，测量 PNP 管时置"－"。

（8）荧光屏幕　示波器屏幕，外有坐标刻度。

（9）电源及辉度调节开关　电源开关兼亮度调节。

（10）电源指示灯　接通电源时灯亮。

（11）垂直位移及电流/div 倍率开关　调节迹线在垂直方向的位移。旋钮拉出放大器增益扩大 10 倍，电流/div 各挡标值 ×0.1，同时"电流/div ×0.1 倍率"指示灯亮。

（12）聚焦旋钮　调节旋钮时光点最清晰。

（13）辅助聚焦旋钮　与聚焦旋钮配合使用。

（14）Y 轴增益旋钮　用以校正 Y 轴增益。

（15）Y 轴选择（电流/度）开关　可以进行集电极电流、基极电压、基极电流和外接 4 种功能的变换。

（16）电流/div ×0.1 倍率指示灯　灯亮，则仪器进入电流/div ×1 倍率工作状态。

（17）X 轴增益旋钮　用以校正 X 轴增益。

（18）X 轴选择电压/度开关　可以进行集电极电压、基极电压和外接 4 种功能的转换，共 17 挡。

（19）显示开关　分转换、接地、校准三挡，其作用是：

1）转换：使图像在 Ⅰ、Ⅱ 象限内相互转换，便于 NPN 管和 PNP 管的转测。

2）接地：放大器输入接地，表示输入为零的基准点。

3）校准：按下校准键，光点在 X、Y 轴方向移动的距离刚好为 10 度，以达到 10 度校正的目的。

（20）X 轴位移开关　用来调节迹线在水平方向的位移。

（21）阶梯调零旋钮　测试前，应首先将阶梯信号的起始电位调到零电位，当荧光屏上已观察到基极阶梯信号后，按下零电平键，观察光点停留在荧光屏上的位置，复位后调节零旋钮，使阶梯信号的起始级光点仍在该处，这样阶梯信号的零电位即被校正，以保证测试结果的准确性。

（22）串联电阻开关　当阶梯信号选择开关置于电压/级的位置时，串联电阻将串联在被测管的输入电路中。

（23）阶梯信号选择开关　可以调节每级电流大小，一般选用基极电流/级，测试场效晶体管时可选用基极源电压/级。

（24）重复－关按钮　弹出时，阶梯信号重复出现，作正常测试。按下为关，阶梯信号处于待触发状态。

（25）阶梯信号待触发指示灯　重复按钮按下时灯亮，阶梯信号已进入待触发状态。

（26）单簇按钮　预先调整好的电压（电流）/级，出现一次阶梯信号后回到等待触发位置，可利用它来观察被测管的各种极限瞬间特性。

（27）测试选择开关　用以在测试时交替地转换被测左右两个晶体管的特性，当置"二簇"时，即自动地交替显示左右两簇特性曲线，以便分析，比较左右两管特性。在选用配对管时常使用此法。

（28）测试台。

（29）左右测试插座插孔　插上专用插座，可测试 F_1、F_2 型管座的功率晶体管。

（30）左右晶体管测试插座。

（31）零电压、零电流按钮　被测管测试之前，应先调整阶梯信号的起始级在零电平的位置，调整方法同（21）。

（32）晶体管测试插座。

（33）二极管反向漏电流专用插座。

（34）二簇位移旋钮　在二簇显示时，可改变右簇曲线的位移，便于配对晶体管各种参数的比较。

（35）极性开关　极性的选择取决于被测晶体管的特性。

（36）级/簇调节旋钮　用来调节阶梯信号的级数，在0~10级范围内连续可调。

（37）其他

1）Y轴输入　Y轴选择开关置于外接时，Y轴信号由此输入。

2）X轴输入　X轴选择开关置于外接时，X轴信号由此输入。

3. 使用方法

1）接通电源，指示灯亮，预热15min。

2）调整示波管及控制部分，即调节"聚焦"、"辅助聚焦"、"辉度"等，使光点清晰。

3）将集电极扫描的"峰值电压范围"、"功耗限制电阻"、"极性"等旋钮调到测量所需范围，"峰值电压"旋钮先置于最小位置，测量时慢慢增加。

4）将X轴、Y轴放大器进行10度校准。

5）调节阶梯调零。

6）选择需要的基极阶梯信号，将"极性"、"串联电阻"等旋钮调到合适的挡位。调节"级/簇调节"旋钮，使阶梯信号为10级/簇，阶梯信号置重复位置。

7）将测试台的"测试选择"放在中间"关"的位置，"接地"开关置于所需位置，插上被测晶体管，然后转动"测试选择"开关到要测试的位置，即可进行有关的测量。

4. 注意事项

1）测试前要将待测管的类型及管脚弄清楚，以免插错。

2）弄清楚待测管的极限参数，正确选择扫描电压范围和功耗电阻。一般情况下，"峰值电压范围"应置于0~20V，"峰值电压"先置于零位置，然后逐渐增大，"功耗限制电阻"由大逐渐减小，同时将 X、Y 偏转开关置于合适挡位。

3）选择合适的阶梯电流或阶梯电压，一般应先小一点，再根据需要逐渐加大。测试时不应超过被测管的集电极最大允许功耗。

4）在进行 I_{cm} 的测试时，一般采用单簇为宜，以免损坏被测管。

5）各开关选择好以后，测试选择开关应置于"关"的位置，然后插入待测管，将测试选择开关旋至待测管。

6）逐步加大峰值电压，进行测试。测试结束后，应主动将"峰值电压"置于零位置，以便下一次测试。

四、示波器

示波器是一种观察电信号波形的电子仪器。可测量周期性信号波形的周期或频率、脉冲波的脉冲宽度和前后沿时间、同一信号任意两点间隔、同频率两正弦信号间的相位差和调幅波的调幅系数等各种电参量。借助传感器还能观察非电参量随时间的变化过程。

根据用途、结构及性能，示波器一般分为通用示波器、多束示波器（或称多线示波器）、取样示波器、记忆与存储示波器、特殊示波器以及近年来才发展起来的虚拟仪器。现以 CA8020A 双踪四线示波器来说明示波器的使用。

（1）CA8020A 示波器的特点　CA8020A 示波器有下列特点：

1）交替扫描扩展功能可同时观察扫描扩展和未被扩展的波形，实现双踪四线显示。

2）峰值自动同步功能可在多数情况下无需调节电平旋钮就能获得同步波形。

3）释抑控制功能可以方便地观察多重复周期的双重波形。

4）具有电视信号同步功能。

5）交替触发功能可以观察两个频率不相关的信号波形。

（2）CA8020A 示波器主要技术指标（见表1-2）

表 1-2　CA8020A 示波器的主要技术指标

项　目		技术指标
垂直系统	灵敏度	$5 \times 10^{-3} \sim 5V/div$ 分 10 挡
	频宽（-3dB）	DC ~ 20MHz
	输入阻抗	直接 1MΩ，25pF；经 10:1 探极 10MΩ，16pF
	最大输入电压	400V（DC + AC 峰值）
	工作方式	CH1、CH2、交替（ALT）、断续（CHOP）、相加（ADD）
水平系统	扫描速度	$0.5 \sim 0.2 \times 10^{-6}$ s/div 分 20 挡
	扫描速度	扩展×10，最快扫速 20ns/div
	灵敏度	同垂直系统
X – Y 方式	频宽（-3dB）	DC：$0 \sim 1 \times 10^6$ Hz，AC：$10 \sim 1 \times 10^6$ Hz
	波形	方波
触发系统	触发灵敏度	内：DC ~ 10MHz，1 – 0div　DC ~ 10MHz，1 ~ 5div 外：DC ~ 10MHz，0 – 3div　DC ~ 10MHz，0 ~ 5div 电视：（TV signal 0 ~ 5V）
	触发电源	内，外
	触发方式	常态、自动、电视、峰值、自动
	外触发最大输入电压	160V（DC + AC 峰值）
校正信号	频率	1kHz
	幅度	0 ~ 5V
220（$1 \pm 10\%$）V，50Hz，40V · A		

（3）面板装置图及面板的控制作用

CA8020A 示波器面板装置如图 1-13 所示，面板控制件的作用见表 1-3。

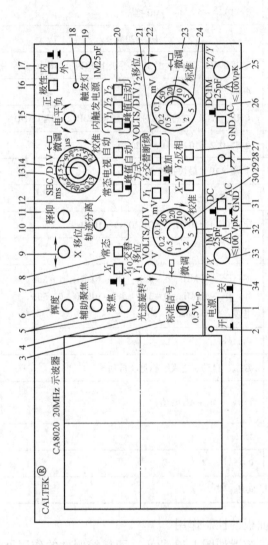

图1-13 CA8020A示波器面板装置

1—电源开关 2—电源指示灯 3—校准信号 4—光迹旋转 5—聚焦（辅助聚焦） 6—辉度
7—扫描扩展开关 8—交替扫描开关 9—水平位移 10—扫线分离 11—释抑控制
12—触发方式 13—水平扫速开关 14—水平微调 15—电平 16—触发源选择 17—触发源选移
18—触发指示 19—外触发输入 20—内触发源 21—垂直方式 22、34—垂直方式 31—耦合方式
23、30—垂直微调 24、32—垂直衰减开关 25、33—CH1 OR X、CH2 OR Y 26、31—耦合方式开关
27—通道2倒相 28—接地 29—X-Y方式开关

表1-3　CA8020A 示波器面板控制件的作用

序号	控制件名称	功　能
1	电源开关（POWER）	接通或开、关电源
2	电源指示灯	电源接通时，灯亮
3	校准信号（CAL）	提供 0~5V、1kHz 的方波信号，用于探极、垂直与水平灵敏度校正
4	光迹旋转（ROTATION）	调节扫线与水平刻度线平行
5	聚焦（FOCUS）	—
	辅助聚焦（ASTIG）	辅助聚焦与聚焦旋钮配合调节，调节光迹的清晰度
6	辉度（INTEN）	调节光迹的亮度，顺时针调节光迹变亮，逆时针光迹变暗
7	扫描扩展开关	按下时扫速扩展 10 倍
8	交替扫描扩展开关	按下时屏幕上同时显示扩展后的波形和未被扩展的波形
9	水平位移（POSITION）	调节光迹在屏幕上的水平位置
10	扫线分离（TRAC SEP）	交替扫描扩展时，调节扩展和未扩展波形的相对距离
11	释抑控制（HOLD OFF）	改变扫描休止时间，同步多周期复杂波形
12	触发方式（TRIG MODE）	常态（NORM）：按下常态，无信号时，屏幕上无显示，有信号时，与电平控制配合显示稳定波形；自动（AUTO）：无信号时，屏幕上显示光迹，有信号时，与电平控制配合显示稳定波形；电视场（TV）：用于显示电视场信号；峰值自动（P - P AUTO）：无信号时，屏幕上显示光迹，有信号时，无需调节电平即能获得稳定波形显示
13	水平扫速开关（SEC/div）	调节扫描速度，按1、2、5分20挡
14	水平微调（VAR）	连续调节扫描速度，顺时针旋足为校正位置
15	电平（LEVEL）	调节被测信号在某一电平触发扫描
16	触发极性（SLOP）	选择信号的上升或下降沿触发扫描
17	触发源选择	选择内（INT）或外（EXT）触发
18	触发指示（TRIG'D）	在触发同步时，指示灯亮
19	外触发输入（EXT）	外触发输入插座
20	内触发源（INT SOURCE）	选择 CH1、CH2 电源或交替触发（VERT MODE），交替触发受垂直方式开关控制

（续）

序号	控制件名称	功　能
21	垂直方式（MODE）	CH1 或 CH2：通道 1 单独显示；ALT：两个通道交替显示，实现双踪显示；CHOP：两个通道断线显示，用于扫速度较慢时的双踪显示 ADD：用于两个通道的代数和或差
22/34	垂直位移（POSITION）	调节光迹在屏幕上的垂直位置
23/30	垂直微调（VAR）	调节垂直偏转灵敏度，顺时针旋足为校正位置，读出信号幅度时应为校正位置
24/32	垂直衰减开关 VOLTS/div	调节垂直偏转灵敏度，分为 10 挡
25/33	CH1 OR X, CH2 OR Y	垂直输入端或 X－Y 工作时 X、Y 输入端；X－Y 工作时 CH1 信号为 X 信号，CH2 信号为 Y 信号
26/31	耦合方式(AC·DC·GND)	选择被测信号输入垂直通道的耦合方式
27	通道 2 倒相（CH2INV）	CH2 倒相开关，在 ADD 方式时使 CH1＋CH2 或 CH1－CH2
28	接地（GND）	与机壳相连的接地端
29	X－Y 方式开关(CH1 X)	选择 X－Y 工作方式

（4）CA8020A 示波器的操作方法

1）检查电源是否符合要求 220（1±10%）V。

2）示波器的调整要求如下：

① 亮度、聚焦、移位旋钮居中，扫描速度置 0～5ms/div 且微调为校正位置，垂直灵敏度置 10mv/div（微调为校正位置），触发源置内且垂直方式为 CH1，耦合方式置于"AC"，触发方式置"峰值自动"或"自动"。

② 通电预热，调节亮度、聚焦、光迹旋钮，使光迹清晰并与水平刻度平行（不宜太亮，以免示波管老化）。

③ 用 10:1 探头将校正信号输入至 CH1 输入插座，调节 CH1 移位与 X 移位，使波形与图 1-14 相符合。

④ 将探头换至 CH2 输入插

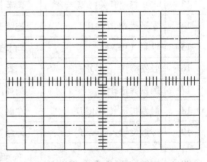

图 1-14　校正信号波形

座，垂直方式置于"CH2"，重复上步操作，得到与图 1-14 相符合的波形。

3）信号连接：

① 探头操作。为减少仪器对被测电路的影响，一般使用 10∶1 探头，衰减比为 1∶1 的探头用于观察小信号，探头上的接地和被测电路地应采用最短连接，在频率较低，测量要求不高的情况下，可用面板上接地端和被测电路地连接，以方便测度。

② 探头的调整。由于示波器输入特性的并异，在使用 10∶1 探头测试以前，必须对探头进行检查和补偿调节，当校准时如发现方波前后出现不平坦现象时，应调节探头补偿电容。

4）进行被测信号输入和有关参量测试。具体旋钮操作，见表 1-2 或仪器使用说明书。

（5）测量举例 测量某一正弦信号的两点间的时间间隔、信号、频率、周期和幅度。

用 10∶1 探头，将信号输入 CH1 或 CH2 插座，耦合方式置 "AC"，设置垂直方式为被选通道，触发源置（内），水平扫描时间适当，调整电平使波形稳定（如置峰值自动，则无需调节电平），调整扫速（微调置校正）

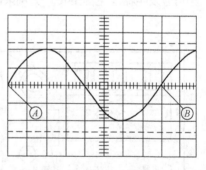

图 1-15 被测信号波形

旋钮，使屏幕上显示 1~2 个信号周期，调整垂直、水平移位，使波形便于观察，得到图 1-15 所示的波形。测量两点之间的水平刻度，可计算出两点间的时间间隔。如图 1-15 所示，可算得被测信号的周期 T 为

$$T = \frac{-周期的水平距离（格）\times 扫描时间因素（时间／格）}{水平扩展倍数}$$

$$(1-5)$$

所测信号频率为 $f = 1/T$（kHz）；垂直偏转灵敏度在校正位置时，被测信号的峰-峰值电压（V_{P-P}）为

$$V_{P-P} = 垂直方向的格数 \times 垂直偏转因数 \times 探头衰减倍数$$

$$(1-6)$$

图 1-15 中，垂直偏转因数为 2V/div，且为校正位置，用 10:1 探头，峰-峰点在垂直方向占 4 格，则被测信号峰-峰值为 $V_{P-P} = 2 \times 4 \times 10V = 80V$。

利用上述方法，还可算出正弦交流信号的峰值、有效值，还可测量脉冲信号的幅度、周期、频率和直流信号的大小（耦合方式置 DC 位置）。

五、低频信号发生器

低频信号发生器是电子实验中较为常用的仪器。虽然低频信号发生器有许多型号和种类，但是它们的使用方法是类似的。现以 XD1B 型低频信号发生器（见图 1-16）为例来说明其使用方法及主要指标。

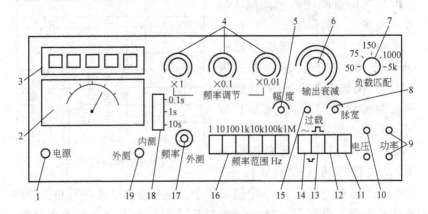

图 1-16　低频信号发生器面板

1—电源开关　2—电压表表头　3—五位显示数字频率计　4—十进制频率调节

5—输出幅度调节电位器　6—输出步进衰减器　7—负载匹配选择开关

8—正负脉冲占空比调节　9—功率输出端　10—电压输出

11—功率输出内负载接入控制　12—功率输出控制

13—脉冲输出时正脉冲与负脉冲选择　14—正弦与脉冲波形选择

15—过载指示　16—频率范围按键选择开关　17—频率计外测输入插口

18—频率计闸门时间选择开关　19—频率计"内测"、"外测"选择

1. 使用方法

（1）频率装置　该仪器输出信号的频率（正弦波与脉冲波）均由面板上的按键开关及其上方的波段开关设置，按键开关用来选择频率范围。波段开关按十进制原则确定具体的频率值。从左至右分别为×1、×0.1、×0.01。其中最右边一位×0.01是电位器，可连续进行频率微调，频率设置精确度满足技术条件规定。

（2）衰减器的使用及输出阻抗　为获得某种输出幅度，可以配合调整"幅度调节"电位器和"输出衰减"波段开关。除后面的"TTL输出"插座上的输出信号外，从面板输出的正弦波或脉冲信号幅度均由这两个衰减旋钮控制。其中"幅度调节"是连续的，"输出衰减"是步进衰减。但应注意其中电压输出极输出衰减与功率级输出衰减是同轴调节，但电压输出级衰减要差10dB，即第一个10dB对电压输出极不衰减。

从电压输出端看进去，输出阻抗是不固定的，它将随"幅度调节"和"输出衰减"两个旋钮的位置不同而改变。但其输出阻抗都比较低，特别是在"输出衰减"波段开关位于较大衰减位置时，输出电阻只有几欧姆。使用时应特别注意，不能让被测设备端有任何信号电流倒流入该仪器的输出端，以防烧毁步进衰减器或其他部分。

从"功率输出"端看进去，输出阻抗在"输出衰减"为0dB时为低阻输出。其阻值小于"负载匹配"旋钮所指示的值。在"输出衰减"的其余位置，输出阻抗等于"负载匹配"所指示的值。

（3）"电压输出"与"功率输出"　"电压输出"的正弦波最大额定电压为$5V_{RMS}$，它有较好的失真系数和幅度稳定性，主要用于不需要功率的小信号场合。电压输出的正脉冲和负脉冲幅度最大，均大于$3 \sim 5V_{P-P}$。"功率输出"是将"电压输出"信号经功率放大器放大后的信号输出，主要用于需要一定功率输出的场合。有正弦波输出时需根据被测对象通过"负载匹配"开关可适当选取5种不同的匹配值，以求获得合理的电压、电流值。

当使用者只需电压输出时，要把"功放"按键抬起，以防毁坏功率放大器。

当需要使用"功率输出"时，应先把"幅度调节"电位器逆时针旋到底，面板右下方"功放"键按下，然后调节"幅度调节"电位器至功率输出达到所需的电压值。当正弦波输出时的负载为高阻抗时，为避免功放因电抗负载成分过大的影响，应把"内负载"按键按下（尤其在频率较高时）。其余两个按键开关是波形选择开关，当需要选择脉冲输出时，左边第一个按键下面通过第二个按键可选择正脉冲或负脉冲输出。这时其上面的"脉宽"调节旋钮可用于改变输出方波的占空比。在这里值得注意的是，当用功率输出脉冲信号时，由于功率放大器的倒相作用，其输出脉冲与所选脉冲相位正好相反，即当通过选择正极性时，功率输出为负脉冲，选择负极性时，功率输出为正脉冲。而电压输出的脉冲极性则与按键所选相同。

对正弦波信号而言，"功率输出"端子可有平衡和不平衡两种状态。若把接地片与"电压输出"的地线端相连，则为不平衡输出，不连接时在"功率输出"的两个端子之间为平衡输出。功率输出过载时，过载灯亮，同时机内发出报警声，应及时排除故障。

（4）频率计与电压表 面板左上角的数码管显示了机内频率的读数。该频率计可"内测"和"外测"。当置"内测"时，频率计显示机内振荡频率；当置"外测"时，频率计的输入信号从"频率外测"插口输入，为适应不同频率的测试需要，可适当改变"闸门时间"旋钮的位置。

数码管下方的表示指示的是机内电压表的读数，机内电压表只用于机内"电压输出"正弦波测量，它显示出机构内正弦波振荡经"幅度调节"衰减后的正弦波信号的有效值，而"输出衰减"的进步衰减对它不起作用。因此，实际"电压输出"端子上正弦波信号的大小等于机内电压表指示值与"输出衰减"的衰减分贝数计算出的数值。

2. 主要指标

频率：1Hz ~ 1MHz（ < ±2%）。

频率稳定性：<0 ~ 4%。

正弦波输出幅度：>5V_{RMS}。

功率输出：>4W。

谐波失真：0 ~ 3。

正负脉冲输出：电压级：$>3 \sim 5V_{P-P}$，功率级：$>7V_{P-P}$。

第二节 常用仪器仪表的维护

1. 功率表的维护

1）在功率测量中，应根据被测对象正确选择仪表量程，以免超程测量而损坏仪表。

2）对于扩大量程的测量，要选用合适的互感器配套使用，还必须采取合理的测量方法，以保证测量精度和测量安全。

3）要定期检查连接端子的接触情况。

4）功率表应工作在室温 $5 \sim 40℃$，相对湿度不超过 80%，并不含有腐蚀性气体的场所。

2. 电桥的维护

1）为了保证电桥的测量精度，使用时要将电桥水平放置。

2）电桥应工作在环境温度一般为 $5 \sim 35℃$，相对湿度低于80%，空气中不含腐蚀气体的室内。

3）电桥使用完毕后，必须先拆除或切断电源，然后拆除被测电阻，将检流计的锁扣锁上，以防止搬动过程中检流计被损坏。若检流计无锁扣时，可将检流计短路，以使检流计的可动部分摆动时，产生过阻尼阻止可动部分的摆动，以保护检流计。

3. 电子仪器的维护

在测量过程中，电路、仪器是否接地、接地是否正确，不仅关系到测量结果是否正确可靠，同时还关系到仪器设备和人身安全。

接地的目的有两个：一是将电气设备接地以后，可防止由于设备上的电荷积累，电压升高而造成人身不安全或引起火花放电；二是将仪器设备外壳或导线屏蔽层等接地，给高频干扰电压提供低阻抗通路，防止对电子设备的干扰。前者称为保护接地，后者称为技术接地。

（1）保护接地 为了保护人身安全，通常要将电气设备在正常情况下不带电的金属外壳接地（与大地相连）。如图 1-17 所示，图中 Z_1 是电路与机壳间的杂散阻抗，若机壳未接地，机壳与地之间就

有较大的杂散阻抗 Z_2，V_1 为电子设备中电路与地之间的电压，V_2 为机壳与地之间的电压，因机壳与地绝缘，故此时 V_2 较高。特别是当 Z_1 很小或绝缘击穿时，$V_2 \approx V_1$，如果人体接触机壳，就有触电危险。如果将机壳接地，即 $Z_2 = 0$，则机壳上电压为零，可保证人身安全。实验室中的仪器采用三眼插座即属这种接地。

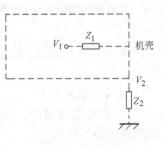

图 1-17　保护接地

这时，仪器外壳经插座上等腰三角形顶点的插孔与地线相接。

（2）技术接地　技术接地亦称工作接地或信号接地。接地点是所有电路及测量装置的公共参考点。正确设计和选择这种接地点，就是要尽可能地减少耦合干扰、抑制外界电磁干扰。

电子设备中的电路都需要直流供电才能工作，而电路中所有各点的电位都是相对于参考零电位来度量的。通常将直流电源的某一极作为这个参考零电位点，称为"公共端"，它虽未与大地相连，也被称为"接地"点。与此连接的线就是"地线"。任何电路的电流都必须经过地线形成回路，应该使流经地线的各电路的电流互不影响。而交流电源因三相负载难以平衡，中线两端有电位差，其上有中线电流流过，对低电平的信号就会形成干扰。因此，为了有效抑制噪声和防止外界干扰，绝不能以中线作为信号的地线。

电子测量中，通常要求将电子仪器的输入或输出线的黑色端子与被测电路的公共端相连，这种接法也称为"接地"，这样连接可以防止外界干扰。这是因为在交流电路中存在电磁感应现象。空间的各种电磁波经过各种途径窜扰到电子仪器的线路中，影响仪器的正常工作。生产厂家将电子仪器的金属外壳与仪器的黑色端子相连，黑色端子也称为接地端子。这样，当外界存在电磁干扰时，干扰信号被金属外壳短接到地，不会对测量系统产生影响。

复习思考题

1. 功率表接线时应遵循的原则是什么？

2. 使用功率表测量时，常有的接线方式有哪些？

3. 测量三相功率时，"一表法"与"三表法"的测量方式有什么不同？

4. 简述使用单臂直流电桥测量电阻时的步骤。

5. 使用直流电桥时有哪些注意事项？

6. 使用晶体管特性图示仪时有哪些注意事项？为什么要注意"峰值电压范围开关"的选择？

7. 示波器用来检测什么信号？

8. 电子仪器为何要进行接地？

9. 单臂电桥与双臂电桥测量的电阻值范围有何区别？

10. 使用双臂电桥时，如何计算被测阻值？

第二章

电气设备的使用与维修

培训目标 熟悉几种小型变压器的工作原理；熟悉电焊机的工作原理；熟悉三相电动机的结构和工作原理；熟悉三相异步电动机的常见故障现象和维修方法；熟悉直流电动机的结构和工作原理；熟悉直流电动机的使用和维护方法。

第一节 小型变压器的应用

一、变压器的工作原理

变压器是利用电磁感应原理工作的，它可以把某一等级的交流电压变换成相同频率另一等级的交流电压。变压器的主要作用是传输电能、传输交流信号、变换电压、变换阻抗以及进行交流隔离等。

图 2-1a 所示为单相变压器两组互相绝缘且匝数不等的绕组，套装在由导磁材料制成的闭合铁心上。通常一组绕组接交流电源，称为一次绕组；另一组绕组接负载，称为二次绕组。

如图 2-1b 所示，当匝数为 N_1 的一次绕组 AX 接到电压为 u_1、频率为 f 的交流电源上时，由励磁电流 i_1 在铁心中产生交变磁通 Φ，从而在一、二次绕组中感应出电动势 e_1 和 e_2，匝数为 N_2 的二次绕组 ax 侧产生电压 u_2。当二次绕组接有负载 Z_L 时，一、二次绕组中流通电流 i_1 和 i_2。感应电动势的大小为

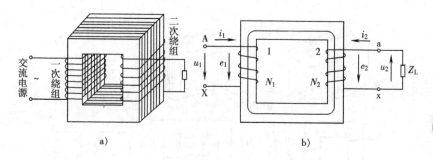

图 2-1　变压器的工作原理

a）结构　b）工作原理

$$e_1 = -N_1 \frac{\mathrm{d}\varPhi}{\mathrm{d}t}$$

$$e = -N_2 \frac{\mathrm{d}\varPhi}{\mathrm{d}t} \qquad (2\text{-}1)$$

若忽略变压器绕组的内部压降，$u_1 \approx e_1$、$u_2 \approx e_2$，则一、二次绕组的电压之比为

$$\frac{u_1}{u_2} \approx \frac{e_1}{e_2} = \frac{N_1}{N_2} \qquad (2\text{-}2)$$

式（2-2）表明，变压器一、二次绕组的电压比等于一、二次绕组的匝数之比。若改变一次或二次绕组的匝数，即可改变二次电压的大小，这就是变压器的变压原理。

二、变压器的结构

变压器主要由铁心和绕组两个基本部分组成，如图 2-2 所示。

1. 铁心

铁心是变压器的导磁回路，也作为绕组的支撑骨架。铁心由铁心柱和铁轭组成，因绕组的位置不同，其结构型式有心式和壳式两种。

铁心多由 0.35mm 或 0.5mm 厚的，表面涂有绝缘漆的硅钢片叠装而成。有些变压器的铁心采用更薄的（如0.23~0.27mm）冷轧晶粒取向电工硅钢片叠积或卷制而成。

2. 绕组

绕组是变压器的导电回路，由铜或铝的圆导线绕制而成。如图

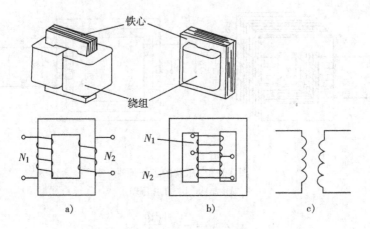

图 2-2　变压器的结构

a）单相心式　b）单相壳式　c）变压器的符号

2-3 所示，变压器有同心式、交叠式两种绕组。铁心和绕组装配在一起合称为器身。

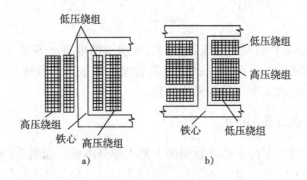

图 2-3　变压器的绕组

a）同心式　b）交叠式

三、特殊变压器

1. 自耦变压器

自耦变压器的一、二次侧具有公共绕组部分，一、二次绕组间既有磁耦合关系，又有直接电的联系。与双绕组变压器相比，在相同绕组容量下（使用同样多的材料），可以输出更大的功率，使得自耦变压器具有一系列的优越性。变压比越接近 1，这种优越性越显著。

图 2-4a 所示的单相自耦调压器是特殊变压器中的一类，它可以在一定范围内平滑、无级地调节输出电压，在工业（如化工、冶金、仪器仪表、机电制造、轻工等）、科学实验、家用电器、控温调速、调光、功率控制等场合有着广泛的使用。若配装控制器，还可用于自动稳压装置。如图 2-4b 所示，自耦调压器二次侧输出为活动触头，调节它的位置，可以使输出电压任意改变。图 2-4c 所示为电动机减压起动用的三相自耦降压变压器。

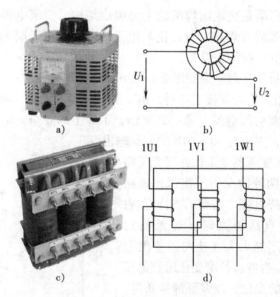

图 2-4　自耦变压器

a）自耦调压器　b）自耦调压原理
c）三相自耦降压变压器　d）三相自耦变压器原理

2. 电抗变压器

电抗变压器可将交流电流直接变换成电压输出，然后用固定电阻分压，取用所需的电压信号。它可以成比例地把电流信号转换成电压信号，多应用在继电保护和自动控制环节中。

图 2-5 所示的三相电抗器又称为电源协调电抗器。它能够限制电网电压突变和操作过电压引起的电流冲击，可以有效地保护变频器和改善功率因数，而且能够阻止来自电网的干扰，又能减少整流单元产生的谐波电流对电网的污染。

图 2-5 三相电抗器

第二节 小型电焊机的应用

电焊变压器是交流电焊机的主要组成结构，交流电焊机是利用电能加热金属的待焊接部分，使其熔融，以达到原子间的结合，从而实现焊接的一种加工设备。

由于焊接工艺对电焊变压器有以下几种特殊的要求：

1）使用焊枪去焊接工件时，由于工件表面不清洁，需要较高的起弧电压才能引起电弧。另一方面，为了焊工的安全，电压又不能过高。因此，要求有 60~80V 的空载输出电压。

2）电焊变压器是工作在弧光短路和直接短路两种情况下。在弧光短路时，为了维持电弧，需要有 30V 左右的电压。在直接短路时（起弧前），短路电流又不能太大（应与工作电流相差不大）。当电弧长度变化时，电流不应有较大的变化，以保证焊接质量。这些要求综合起来，就要求负载电流增加时，输出端电压迅速下降，即要有陡降的外特性，如图 2-6 所示。

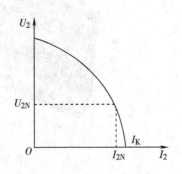

图 2-6 电焊变压器的外特性

3）具有满意的调整特性，即电焊变压器二次侧输出电流的大小可以调节，以满足不同大小和不同厚度焊件对焊接电流的要求。

4）电路中要有足够大的电抗，保证电弧的稳定燃烧。

综合上述要求，变压器要满足电焊工艺的要求，除电流可调外，主要是如何加大二次侧回路的电抗问题，最简单的解决办法，是采用普通电力变压器在二次侧回路中外串一个可变电抗器，如图 2-7 和图 2-8 所示。

35

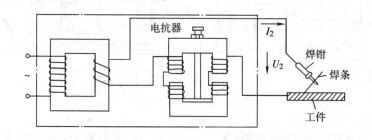

图 2-7 带电抗器的电焊变压器

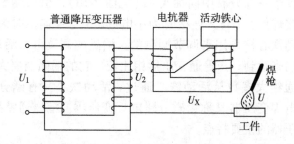

图 2-8 带独立电抗器的电焊变压器

当电抗器的阻抗足够大时，既可获得陡降的外特性，又可对电焊电流起稳定作用。调节电抗器活动铁心的位置，可以调节焊枪与工件之间的电压（即电弧电压）和改变电焊电流的大小。选择适当电压比，可以得到所需要的空载电压。这样，图 2-8 所示的电路就完全满足电焊工艺的要求了。但是，电抗器与变压器不能构成一体，因为这样不仅占地面积大，而且搬运又不方便，后来就发展成为将电抗器放在变压器上面、构成一个整体的复合式电焊变压器，如图 2-9 所示。现在普遍采用的交流电焊机，就是如图 2-10 所示的增加漏磁的电焊变压器，它显然是从复合式电焊变压器改进而来的。

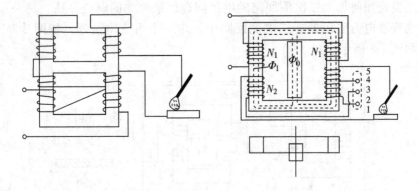

图 2-9　复合式电焊变压器　　　图 2-10　增加漏磁的电焊变压器

　　增加漏磁的电焊变压器与普通变压器不同，它的二次绕组分成两部分，其中一部分有中间抽头 4（见图 2-10），引出端 5 接焊枪，引出端 1 接焊件，3 与 2 连接时为小电流，3 与 4 连接时为大电流。中间的活动铁心柱是用来调节漏磁的，漏磁的调节可由活动铁心的调进或调出来达到。与普通变压器相比较，它的漏磁通要大许多倍，而且漏磁通绝大多数从活动铁心通过。活动铁心又有磁分路之称，所以这种电焊变压器又称为磁分路电焊变压器。漏磁通特别大是这种电焊变压器的主要特点。

　　电焊变压器实质上是一种特殊的降压变压器，其特点是二次绕组不但要有足够的引弧电压（60～80V），而且当焊接电流增大时，二次绕组的电压又能迅速下降，即使二次绕组短路时，二次绕组电流也不会太大。

　　目前使用的交流电焊机种类很多，一般常用的有动铁心漏磁式（BX1 系列）、同体组合电抗器式（BX2 系列）和动圈式（BX3 系列）三种，其中，BX1 系列动铁心漏磁式由于结构简单、造价低使用最为广泛，其外形结构和电路原理如图 2-11 所示。

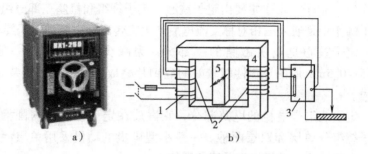

图 2-11 BX1 系列动铁心漏磁式交流电焊机

a) 外形 b) 电路原理

1——次绕组 2—二次绕组 3—接线板 4—固定铁心 5—活动铁心

第三节 三相异步电动机的应用

三相异步电动机具有结构简单、效率高、控制方便、运行可靠、易于维修和成本低等优点，其缺点是不能平滑调速。由于它具有其他电动机不能比拟的优点，所以在工农业生产中得到广泛应用。

一、三相异步电动机的结构和工作原理

1. 三相异步电动机的结构

三相异步电动机由定子和转子两大基本部分构成，因转子结构不同又分为笼型和绕线转子两种。三相笼型异步电动机的结构如图 2-12 所示。

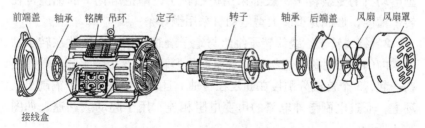

图 2-12 三相笼型异步电动机的结构

（1）定子　定子主要由定子铁心、定子绕组和机座三部分组成。定子的作用是通入三相对称交流电后产生旋转磁场以驱动转子旋转。

定子铁心是电机磁路的一部分，为减少铁心损耗，一般由0.35～0.5mm厚的导磁性能较好的硅钢片叠成圆筒形状，安装在机座内。

定子绕组是电机的电路部分，它嵌放在定子铁心的内圆槽内。定子绕组分单层和双层两种。一般小型异步电动机采用单层绕组，中、大型异步电动机绕组采用双层绕组。

机座是电动机的外壳和支架，用来固定和支撑定子铁心和端盖。机座一般用铸铁制成。

（2）转子　转子主要由转子铁心、转子绕组和转轴三部分组成。转子的作用是产生感应电动势和感应电流，形成电磁转矩，实现机电能量的转换，从而带动负载机械转动。

转子铁心和定子铁心、气隙一起构成是电机的磁路部分。转子铁心也用硅钢片叠压而成，压装在转轴上。气隙是电动机磁路的一部分，它是决定电动机运行质量的一个重要因素。气隙过大将会使励磁电流增大，功率因数降低，电动机的性能变坏。气隙过小，则会使运行时转子铁心和定子铁心会相碰撞。一般中小型三相异步电动机的气隙为0.2～1.0mm，大型三相异步电动机的气隙为1.0～1.5mm。

1）笼型转子。笼型转子绕组由嵌在转子铁心槽内的裸导条（铜条或铝条）组成。导条两端分别焊接在两个短接的端环上，形成一个整体。如去掉转子铁心，整个绕组的外形就像一个鼠笼。中、小型电动机的笼型转子一般都采用铸铝转子，即把熔化了的铝浇铸在转子槽内，形成笼型。大型电动机采用铜导条。

2）绕线转子。绕线转子绕组与定子绕组相似，由嵌放在转子铁心槽内的三相对称绕组构成，绕组作星形联结，3个绕组的尾端连接在一起，3个首端分别接在固定在转轴上且彼此绝缘的三个铜制集电环上，通过电刷与外电路的可变电阻相连，用于起动或调速，如图2-13所示。

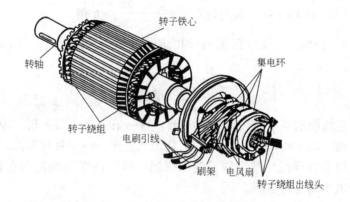

图 2-13　三相绕线转子异步电动机的转子结构

2. 三相异步电动机的工作原理

当定子绕组通以三相正弦交流电时，定子绕组产生的旋转磁场掠过转子导体时，导体就切割磁力线而产生感应电动势和电流，根据右手定则可决定转子导体感应电流的方向。载流导体与旋转磁场相互作用，产生电磁力 F，其方向由左手定则决定。电磁力对转子轴形成电磁转矩，使转子按旋转磁场的转向旋转。

二、三相异步电动机的使用与维护

1. 定子绕组的展开图

三相异步电动机的定子绕组是三相异步电动机的主要组成部分。电机的故障主要出自于定子绕组。只有掌握了各类型绕组的结构优缺点、展开图、接线规则、嵌线工艺，才能有效地维修电动机。

（1）定子绕组参数

1）极距：是指定子相邻两磁极中心线之间的距离，用字母 τ 表示，即

$$\tau = \frac{Z_1}{2p} \tag{2-3}$$

式中　Z_1——定子槽数；

　　　　p——磁极对数。

例如 24 槽 4 极电机的极距 $\tau = \dfrac{Z_1}{2p} = \dfrac{24}{2 \times 2} = 6$ 槽。

2）绕组的节距（跨度）：即线圈两个边所跨的槽数，以 y 表示，即

$$y = \frac{Z_1}{2p}(\text{槽数}) \tag{2-4}$$

若线圈的某一条边落入第一槽，另一条边落入第 8 槽，即线圈跨 7 槽，以 $y = 7$ 表示。当 $y = \tau$ 绕组叫整距；$y < \tau$ 称短节距。短节距可以节省导线，减少端部的漏磁通，可以改变磁场的分布情况，改善电机的运行性能。

3）每极每相的槽数：每相绕组的一个极所占的槽数，以 q 表示，即

$$q = \frac{Z}{2pm} \tag{2-5}$$

式中 m——电机的相数，$m = 3$。

例如 24 槽 4 极电机的 $q = \dfrac{24}{4 \times 3} = 2$。

该电机每极每相绕组占两个槽，相带为 60° 电角度（电角度 = $p \times$ 机械角度 $= p \times 360°$；一个极距的电角度为 180°，每个磁极下为三个相带，故每个相带为 60°）。

4）槽距角：相邻两个槽之间的电角度称为槽距角，以 α 表示，即

$$\alpha = \frac{p \times 360°}{Z} \tag{2-6}$$

5）极相组：将每极每相的线圈串联成一组，称为极相组。其用公式表示为

电动机的极相组数 = 极数 × 相数

6）绕组的接线：绕组的接线是有规律性的，第一步是接成极相组，第二步是接成相绕组，第三步接成Y联结或△联结。

（2）三相绕组的分类　交流电机绕组一般分为单层绕组和双层绕组。

单层绕组又分为同心式、链式、交叉式，广泛应用于单相及三

相小型交流异步电动机定子中。双层绕组分为双叠绕组、波绕组，双叠绕组用于中型以上电机定子中，而波绕组用于绕线转子电动机转子中，正弦绕组属于同心式绕组。

1）单层链式绕组

例1　有一台极数 $2p = 4$、槽数 $Z = 24$ 三相单层链式绕组的电机，说明原理及绘出展开图。

解　首先计算极距 τ、每极每相的槽数 q、槽距角 α，即

$$\tau = \frac{Z}{2p} = \frac{24}{4} = 6$$

$$q = \frac{Z}{2mp} = \frac{24}{2 \times 3 \times 2} = 2$$

$$\alpha = \frac{p \times 360°}{Z} = \frac{2 \times 360°}{24} = 30°$$

其次，分相。将槽依次编号 1~24，每槽仅有一个元件边，按 60°相带的排列次序，见表 2-1。

表 2-1　$2p = 4$、$Z = 24$ 三相电动机单层链式绕组元件边排列情况

相　带	U1	W2	V1	U2	W1	V2
槽号	1，2	3，4	5，6	7，8	9，10	11，12
	13，14	15，16	17，18	19，20	21，22	23，24

第三，组成线圈，构成一相绕组。将属于 U 相的 2~7，8~13，14~19，20~1 号线圈分别连接成 4 个节距相等的线圈，按电动势相加的原则，将 4 个线圈按"头—头，尾—尾"的规律相连构成 U 相绕组，展开图如图 2-14 所示。

由图 2-14 可见，链式绕组的节距相等，制造方便，线圈端部连线较短，可节省铜线。

2）单层交叉式绕组

例2　一台 $Z = 36$、$2p = 4$ 交流电动机，绘制出展开图。

解　首先计算极距 τ、每极每相槽数 q 和槽距角 α，即

$$\tau = \frac{Z}{2p} = \frac{36}{4} = 9$$

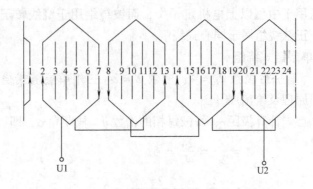

图2-14 三相单层链式绕组展开图

$$q = \frac{Z}{2pm} = \frac{36}{4 \times 3} = 3$$

$$\alpha = \frac{p \times 360°}{Z} = \frac{2 \times 360°}{36} = 20°$$

其次，分相。将槽依次编号 1 ~ 36，每槽仅有一个元件边，按 60° 相带的排列次序，见表 2-2。

表 2-2 $2p = 4$、$Z = 36$ 交流电动机单层交叉式绕组元件边排列情况

相带	U1	W2	V1	U2	W1	V2
槽号	1, 2, 3	4, 5, 6	7, 8, 9	10, 11, 12	13, 14, 15	16, 17, 18
	19, 20, 21	22, 23, 24	25, 26, 27	28, 29, 30	31, 32, 33	34, 35, 36

第三，组成线圈，构成一相绕组。如果线圈的电流方向不变，只改变其端部连接方式，不会影响其电磁情况，把 U 相所属的每个相带内的槽导体分成两部分，把 2 号与 10 号槽、3 号和 11 号槽内导体相连，形成两个节距，$y = 8$，构成一组。另外，一部分 1 号槽和 30 号槽内导体的有效边相连，组成 $y = 7$ 的线圈，同理，第二对极下，20 号与 28 号，21 号与 29 号组成 $y = 8$ 的线圈，19 号与 12 号组成 $y = 7$ 的线圈。根据"头—头，尾—尾"的规律相连，即得一相（U 相）交叉式绕组，如图 2-15 所示。

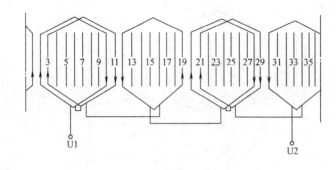

图 2-15　三相单层交叉式绕组展开图

3）单层同心式绕组

例 3　绘制 $Z = 24$、$p = 1$ 的三相交流电动机展开图。

解　首先计算极距 τ、每极每相槽数 q 和槽距角 α，即

$$\tau = \frac{Z}{2p} = \frac{24}{2} = 12$$

$$q = \frac{Z}{2pm} = \frac{24}{2 \times 3} = 4$$

$$\alpha = \frac{p \times 360^\circ}{Z} = \frac{1 \times 360^\circ}{24} = 15^\circ$$

其次，分相。将槽依次编号 1～24，每槽仅有一个元件边，按 60°相带的排列次序，见表 2-3。

表 2-3　$p = 1$、$Z = 24$ 的三相电动机单层同心式绕组元件边排列情况

相带	U1	W2	V1	U2	W1	V2
槽号	1, 2, 3, 4	5, 6, 7, 8	9, 10, 11, 12	13, 14, 15, 16	17, 18, 19, 20	21, 22, 23, 24

第三，组成线圈，构成一相绕组。把 3 号与 14 号槽内的有效边导体连成一个节距 $y = 11$ 线圈，4 号槽和 13 号槽内导体连成一个节距 $y = 9$ 的线圈，这两个线圈串联组成一组同心式线圈，同样，15 号与 2 号槽，1 号与 16 号槽内导体构成另外一个同心式线圈。把两组同心式线圈，依次按"头—头，尾—尾"反相串联，即可得 U 相绕组，展开图如图 2-16 所示。

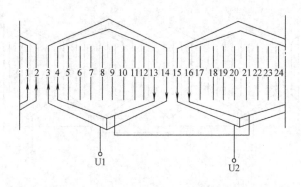

图 2-16　三相单层同心式绕组展开图

综上所述，单层绕组的每个槽内只放置一个线圈边，电动机的线圈总数等于定子槽数的 1/2。

4）三相双层叠绕组

例 4　绘制 $2p = 4$、$Z = 36$、$y = 8$ 三相交流电动机的展开图。

解　首先计算极距 τ、每极每相槽数 q 和槽距角 α，即

$$\tau = \frac{Z}{2p} = \frac{36}{4} = 9$$

$$q = \frac{Z}{2pm} = \frac{36}{4 \times 3} = 3$$

$$\alpha = \frac{p \times 360°}{Z} = \frac{2 \times 360°}{36} = 20°$$

其次，分相。双层绕组主要是对上层边进行分相，见表 2-4。

表 2-4　$2p = 1$、$Z = 36$ 三相电动机双层叠绕组元件边排列情况

相带	U1	W2	V1	U2	W1	V2
槽号 （上层边）	1, 2, 3	4, 5, 6	7, 8, 9	10, 11, 12	13, 14, 15	16, 17, 18
	19, 20, 21	22, 23, 24	25, 26, 27	28, 29, 30	31, 32, 33	34, 35, 36

第三，连接线圈，构成一相绕组。双层绕组的线圈，如果一个有效边在上层，则另一个有效边在下层，并且电动机总的线圈数等于总的槽数。根据 $y = 8$ 将 1～9，2～10，3～11 连成一个极相组……依次类推，可以构成 4 个极相组，根据"头—头，尾—尾"

的反相串联规律，即可得一相，如图 2-17 所示。

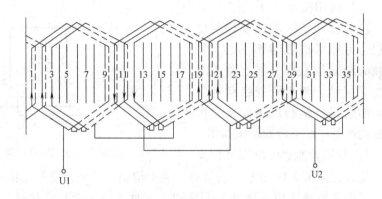

图 2-17　三相双层叠绕组展开图

45

2. 绕组圆形接线参考图

为了清楚表达电动机极相组之间的连接方式，我们引用了一种圆形接线图。画圆形接线图时，不管每极每相有几个槽，或一个极相组内有几个线圈，每个极相组都用一个带箭头的圆弧短线来表示，箭头表示电流的方向，圆弧线段的数量与极相组的数目相等。现以三相 4 极 24 槽电机绕组为例，说明圆形接线图的画法：

1）定子圆周分成 $2p \times 3 = 4 \times 3 = 12$ 段圆弧（即 12 个极相组）。

2）极相组的排列和展开图顺序一样 U1 、W2、V1、U2、W1、V2 依次给每个极相组编号，每个编号之间相差 60°相带。

3）三相绕组的首尾端相差 120°电角度。

4）圆弧线段的电流方向表示正方向，即 U1、V1、W1 为正方向，U2、V2、W2 为反方向，最后按箭头方向依此连接成三相绕组，如图 2-18 所示。

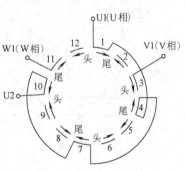

图 2-18　三相 4 极圆形接线图 U 相的画法

3. 三相异步电动机绕组的故障分析及检查

（1）绕组接地

1）故障原因：对于新做的电动机，可能是嵌线时不小心，将导线的绝缘层破坏。装上端盖时才发现接地，则可能绕组碰前后盖。如果是已运行的电动机，可能是绕组的绝缘下降或机械损伤。

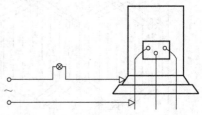

图 2-19 低压安全灯检查绕组接地

2）故障检查：可以用低压安全灯检查，如图 2-19 所示。若灯亮，表示绕组已接地，要找出接地点，可拆开电动机用手摇动各个线圈（此时绕组还没有浸绝缘漆，可以摇动），当摇动某个线圈灯光发生闪烁，就表示接地故障在这个线圈内。

用上述方法找不到接地故障部位时，可把每相绕组的连接点拆开，把相绕组作个别检查，对于星形联结的三相电动机，可把中性点（星点）的连接拆开，如图 2-20 所示。对于三角形联结的电动机，可拆开各相接头，如图 2-21 所示。

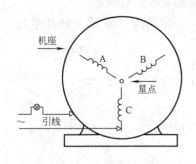

图 2-20 拆开星点

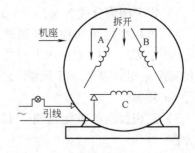

图 2-21 拆开各相接头

（2）断路检查 三相异步电动机绕组断路，常是因各接头接触不良或是线圈断线所致，同样可以用拖灯把断路的地方找出。正常情况下，测试棒接至各相绕组两端时，灯泡都应发亮，否则即为断相。对于线圈由多条导线并绕或相绕组作多路并联的电动机，当某一并绕导线或某一并联支路断路时，用拖灯测试往往不明显，可改用低阻表或万用表 $R \times 1$ 挡测试各相电阻，阻值大者即有断路存在。修理时，将断线处焊接牢，包上绝缘材料，再套绝缘套管，重新绑扎，浸漆烘干。

（3）短路检查　绕组的的短路分为匝间短路，线圈之间的短路、相与相之间的短路。用短路侦察器检查，将短路侦察器串联一个电流表，分别轮流接在定子槽口上。如果某处电流突然增大，则说明有短路线圈，如图 2-22 所示。

修理时，用绝缘材料将短路点隔开，重新包扎。如不能使用，重新更换线圈。

（4）反接检查

1）线圈的反接检查：组成极相组的各个线圈的电流方向应相同，以便产生同一极性。检查时用低压直流电接于三相中的任意一相绕组的两端，用一指南针沿定子内表面逐槽检查。若接线正确，指南针在经过每极下的该相绕组的极相组时，交替反转。即在一极相组下指 N，则在另一极相组下指 S。假若有错，指南针固定不变，因接错线圈的磁场抵消了其他线圈的磁场，如图 2-23 所示。

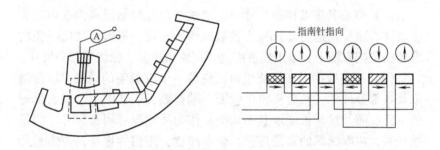

图 2-22　短路侦察器检查　　　图 2-23　极相组接线
　　　　　断路故障　　　　　　　　　正确时指南针的指向

2）电动机的首尾端接错：如果电动机的首尾端接错，将不能正常工作，我们可用下述方法进行判断：

识别三相绕组首、尾端的方法很多，最简单的方法是使用干电

池和毫伏表的直流法，检查时先找出每
相绕组的两端，如图 2-24 所示。

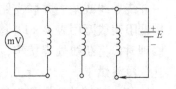

用电池负极导线分别碰触 V2、W2
端，如接在 U1、U2 两端的毫伏表偏转
方向一致，则认为 V2、W2 端子极性一
致。然后将毫伏表一端从 U2 改接 V2，
同样用电池负端导线分别碰触 U2 和

图 2-24　测量三相绕组首、
尾端的直流法

W2，若毫伏表指针偏转方向同前，则 U2、V2、W2 或 U1、V1、W1
为同极性端（即同为首端或同为尾端）。

三、三相异步电动机定子绕组的重绕

电动机绕组损坏严重，无法用局部修复时，就需要把整个绕组
拆去，重新嵌入新绕组。拆换绕组的工作可按下列步骤进行：

1. 查明损坏原因，记录原始数据

查明损坏原因，可以进一步改进绕组质量和电气性能，分析损
坏原因，防止修复后重新烧坏。

将查明的损坏原因和电动机定子绕组的原始数据填入电动机修
理记录单中，见表 2-5。

（1）铁心长度及槽形尺寸　定子铁心总长包括通风沟在内的长
度。铁心净长则是用总长减去各通风沟的长度。槽形尺寸用一张较
厚的白纸按在槽上，取下槽形痕迹，再绘出槽形，标注各部分尺寸。

（2）绕组数据　在拆绕组时，应留一个较规整的线圈，以便量
取其各部分尺寸。然后将整个线圈一端剪断，取其中 3 个周长最短
的单元线圈，量其长度取其平均值，作为线模模芯周长尺寸。测量
线径时，应取线圈的直线部分，烧去漆皮，用棉纱擦净，应多量几
根导线，对同一根导线也应在不同位置量取 3 次，取其平均值。

2. 绕组的拆除

定子绕组拆除方法一般有加热拆除、冷拆法、溶剂溶解等方法。

1）电流加热法。拆开绕组端部各连接线，在一联绕组中通入单
相低压大电流加热（可用变压器或电焊机作电源），当绝缘软化，绕
组端部冒烟时，切断电源，打出槽楔，趁热迅速拆除绕组。

表 2-5 电动机修理记录单

<table>
<tr><td rowspan="3">铭牌数据</td><td>型号</td><td></td><td>容量</td><td></td><td>kW</td><td>相数</td><td></td><td>绝缘</td><td></td><td>级</td></tr>
<tr><td>电压</td><td>V</td><td>电流</td><td></td><td>A</td><td>接法</td><td></td><td>转数</td><td></td><td>r/min</td></tr>
<tr><td>效率</td><td></td><td>功率因数</td><td></td><td></td><td>制造厂</td><td></td><td>出厂编号</td><td></td><td></td></tr>
</table>

铁心数据	外径						原来		修后	
	内径			型式						
	总长		绕组数据	并绕支路						
	通风沟数			节距						
	净长			并联根数						
	气隙			导线规格						
	槽数			线圈数						
				绕组重量						

槽形尺寸			线圈尺寸		

试验值	绝缘电阻	绕组对地		MΩ	相间	A相 MΩ	B相 MΩ		C相 MΩ	
	交流耐压		V				s			
	直流电阻		A相 Ω		B相 Ω			C相 Ω		
	空载		电压/V			电流/A			功率/W	
		AB	BC	CA	A	B	C			
	短路		电压/V			电流/A			功率/W	
		AB	BC	CA	A	B	C			

损坏原因及备注	

2）用烘箱、煤球炉、煤气、乙炔、喷灯等加热，在加热过程中应特别注意防止烧坏铁心，使硅钢片性能变坏。

3）溶剂溶解法。由于费用较贵，只适用于拆除 1kW 左右小功率电动机的绕组。

4）冷拆法。先将绕组一端紧靠铁心割断，在另一端用钳子将导线拉出。如绝缘漆粘结性很强，槽内导线形成一个整体时，用一根比槽稍小一点的齐头铁棒顶住割断的绕组断面，用锤子轻轻打出线圈，此时应在另一端顶住槽两边的齿部，以防引起齿散张。

在拆除过程中，应尽量保留一个完整的绕组，量取有关数据，以便制作绕线模时参考。绕组全部拆除后，应将槽内清理干净，并修正槽形。

3. 准备绝缘材料

电动机中使用的绝缘材料品种很多，按材料的形态可分为固体，液体和气体 3 种。按材料的化学成分可分为有机材料和无机绝缘材料；按材料的耐热高低可分为 Y、A、E、B、F、H、C 等 7 个等级，每一耐热等级对应一定的最高工作温度（见表 2-6），能保证在这个温度以下，长期使用而不影响其绝缘性能。

表 2-6 绝缘材料的耐热等级和最高工作温度

绝缘等级	最高工作温度/℃	材料举例
Y	90	未处理过的有机材料，如棉纱、纸
A	105	经过浸渍或使用时浸入油中的棉纱、纸、丝等有机材料或其组合物；油性漆包线用漆
E	120	聚酯树脂、环氧树脂、三醋酸纤维织成的材料、高强度漆包线用漆
B	130	云母、石棉、玻璃丝等无机物，用提高了耐热性的有机漆作为粘合剂制成的材料或其粘合物
F	155	云母、石棉、玻璃丝等无机物，用无机水泥作粘合剂制成的材料
H	180	硅有机物以及云母、石棉、玻璃丝等，用硅有机漆作粘合剂制成的材料
C	>180	天然云母、玻璃、瓷料、石棉水泥、聚四氟乙烯等

4. 绕制线圈

（1）绕制线圈的导电材料 电机绕组中，常用的电磁线有漆包铜线和漆包铝线、玻璃丝包的铜线等，在小型电机中，所用电磁线的线径一般在 1.56mm 以下。要求较大截面时，可用几根并绕。

E 级或 B 级绝缘电机目前应用的是聚酯漆包线（牌号为 QZ），它的机械强度高，耐电压、耐溶剂性均较好；B 级绝缘电机也有的应用高强度聚乙烯醇缩醛漆包线（牌号为 QQ）。玻璃丝包线是用无碱玻璃丝缠包而成的，多用于大、中型电机中作成型线圈，A、E、B 各级电机都用。它的绝缘能力强，但厚度大，比较脆。

（2）绕线模的简易计算与制作 定子线圈是在绕线模上绕制而成的。绕线模尺寸，可以按照电动机的型号，在电工手册等有关技术资料中查到。也可以从拆下的完整绕组中，取其中最小的一匝，参考它的形状及周长作为线模尺寸。也可以按照下列绕线模的简易计算方法进行计算。

1）双层迭绕式绕组线模的计算，如图 2-25a 所示。

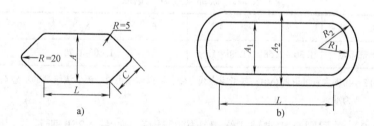

图 2-25 绕组线模尺寸

a）双层迭绕式绕组 b）单层同心式或链式绕组

① 线模宽度

$$A = \frac{\pi(\text{定子内径} + \text{槽数})}{\text{槽数}} \times (\text{绕组跨距} - K) \qquad (2\text{-}7)$$

式中 K——校正系数，对 2 极电动机，K 取 1.4～2.0，功率大者取大值。对 4、6、8、10 极的电动机，不必校正（取 $K = 0$）。

② 线模直线部分长度

$$L = 铁心长度 + l \qquad (2\text{-}8)$$

式中 l——放长系数（mm），可从表 2-7 中选取。

表 2-7 放长系数 l 的选取

极 数	2	4	6	8	10
功率较大电动机	40 ~ 50	35 ~ 40		30 ~ 40	
功率较小电动机	25 ~ 35	25 ~ 30		25	

注：功率大者取大值。

如果电动机定子铁心齿部散开较严重，铁心长度应在槽口处测量，然后再加上放长系数 l。

③ 端部长度

$$C = \frac{A}{M} \qquad (2\text{-}9)$$

式中 M——端部系数，可从表 2-8 中选取。

表 2-8 端部系数 M 的选取

极 数	2	4	6	8	10
端部系数	1. 30 ~ 1. 58	1. 56 ~ 1. 66		1. 60 ~ 1. 70	

注：功率大者可取偏小值；如考虑嵌线方便，可以取偏小值，但以绕组端部不碰端盖为准。

2）单层同心式或链式绕组线模的计算，如图 2-25b 所示。

① 线模宽度

$$A = \frac{\pi(定子内径 + 槽数)}{槽数} \times (绕组跨距 - K) \qquad (2\text{-}10)$$

式中 K——校正系数，可从表 2-9 中选取。

表 2-9 校正系数 K 的选取

极 数	2	4	6	8	10
校正系数	2 ~ 3	0. 5 ~ 0. 7	0. 5	0	0

② 线模直线部分长度

$$L = 铁心长度 + l \tag{2-11}$$

式中 l——放长系数，一般为 20～30mm，功率小者取偏小值。

③ 端部圆弧半径

$$R = \frac{A}{2} + (5 \sim 8) \tag{2-12}$$

绕线模模芯的厚度，可按下面经验公式求得：

模芯厚度 = $(\sqrt{线圈匝数} + 1.5) \times$ 带绝缘导线外径 $\tag{2-13}$

式（2-13）是使绕成的线圈近似成方形排列，一般在槽深与宽之比差不多的情况下均适用，若槽较深且又窄时，可适当增加模芯厚度。

例 5 某异步电动机定子铁心内径 110mm，铁心长 105mm，定子槽数 36 槽，槽深 19.6mm，采取单层交叉式绕组，线圈组中有两个线圈的节距是 1～9，一个线圈的节距是 1～8，试决定线模尺寸。

解 线模形状如图 2-25b 所示。

① 线模宽度，取 $K = 0.5$

$$A_{(1 \sim 9)} = \frac{\pi(110 + 19.6)}{36} \times (8 - 0.5)\text{mm} = 11.3 \times 7.5\text{mm} = 85\text{mm}$$

$$A_{(1 \sim 8)} = \frac{\pi(110 + 19.6)}{36} \times (7 - 0.5)\text{mm} = 11.3 \times 6.5\text{mm} = 74\text{mm}$$

② 线模直线部分长度，取 $l = 30\text{mm}$

$$L = (105 + 30)\text{mm} = 135\text{mm}$$

③ 线模端部圆弧半径

$$R_{(1 \sim 9)} = \frac{A_{(1 \sim 9)}}{2} + (5 \sim 8)\text{mm} = \left(\frac{85}{2} + 7\right)\text{mm} = 49.5\text{mm}$$

$$R_{(1 \sim 8)} = \frac{A_{(1 \sim 8)}}{2} + (5 \sim 8)\text{mm} = \left(\frac{74}{2} + 7\right)\text{mm} = 44\text{mm}$$

3）活络绕线模制作方法：活络绕线模使用较方便，只要根据需要尺寸调节线模上的 6 只螺栓位置就能应用。0.35～40kW 的电动机绕组，可通过改变活络框架的位置，能同样得到调节，每个极相组几个一联可根据需要拆装。

活络绕线模总装图如图 2-26 所示；另外采用的一种是万能绕线模具，如使用时只需调整两个螺栓，其外形如图 2-27 所示。

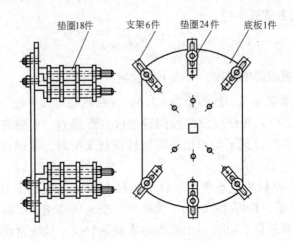

垫圈18件　　支架6件　垫圈24件　底板1件

图 2-26　活络绕线模总装图

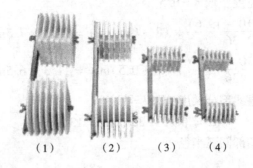

（1）　　　（2）　　　（3）　　　（4）

图 2-27　万能绕线模具

　　（3）线圈的绕制　　小型三相异步电动机所采用的散嵌式线圈都是在专用绕线机上利用绕线模绕制的。对于单层绕组，过去都以极相组为单位绕制，这样嵌线工作比较方便，但增加了接线工序。比较先进的工艺是把属于一相的所有线圈一次连续绕成，中间不剪断，把极相组之间的连线放长一点，套上套管，这就省去了一次接线工序，提高了工效，也节省了材料。在绕制线圈时应注意以下几点：

1）绕制时导线必须排列整齐，避免交叉混乱。

2）线圈匝数必须准确。

3）导线直径必须符合要求。

4）绕线时，必须保护导线的绝缘不受损坏。

完成绕线工序以后，每相绕组用电桥测量其直流电阻，或用匝数试验器检查线圈的匝数。

5. 嵌线与接线

在嵌线前，要从被修电机的绕组展开图中，找出嵌线工艺和接线的规律，并绘制接线图。

现以小型异步电动机定子双层绕组为例，来说明嵌线的具体过程：

嵌线前，要准备好嵌线工具，小型电机的嵌线工具主要有压线板、理线板、剪刀、尖嘴钳子及锤子等。压线板的形状如图 2-28a 所示，一般的

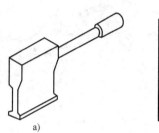

图 2-28　嵌线工具
a）压线板　b）理线板

压脚宽度应比槽上部宽度小 $0.6 \sim 0.7$ mm，应光滑无棱，在压导线时不会损伤绝缘。理线板如图 2-28b 所示，一般用红钢纸或布纹层压板做成，要磨得光滑，厚薄适宜，长度以能划入槽内 2/3 处为准。锤子一般应是木质和橡胶锤，若用金属锤时，在敲打线圈时应垫上木条，以防损伤导线绝缘。

嵌线前，要按绝缘结构规格准备好槽绝缘、端部相间绝缘、层间绝缘及槽楔，以及端部扎线及绑带。具体嵌线过程如下：

（1）嵌入第一节距线圈的下层边　先将线圈理平且擦上石蜡，然后以出线盒为基准来确定第一槽的位置。嵌线方法如图 2-29 所示。

嵌线前先用右手把要嵌的一条线圈边捏扁，用左手捏住线圈的一端向相反方向扭转，如图 2-29a 所示，使线圈的槽外部分略带扭绞形，否则线圈容易松散。线圈边捏扁后放到槽口的槽绝缘中间，左手捏住线圈朝里拉入槽内，如图 2-29b 所示。如果槽内不用引槽

55

纸，应在槽口临时衬两张薄膜绝缘纸，以保护导线绝缘不被槽口擦伤，进槽后，薄膜绝缘纸即可。一般如果线圈边捏得好，一次即可把大部分导线拉入槽内，剩余少数导线可用理线板划入槽内。导线进槽应按绕制线圈的顺序，不要使导线交叉错乱，线圈两端槽外部分虽略带扭绞形，但槽内部分必须整齐平行，否则影响把导线全部嵌入，而且还会造成导线相擦而损伤绝缘。嵌线时还要随时注意槽内绝缘是否偏移到一侧，防止露出铁心与导线相碰，造成绕组通地故障。

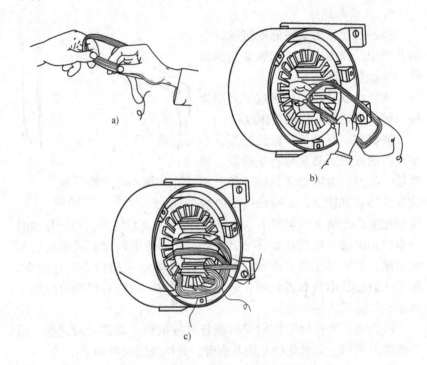

图 2-29　嵌线方法
a）捏扁线圈边　b）将线圈拉入槽内　c）吊起线圈另一条边

嵌好线圈的一条边后，另一条边暂时吊起，下面垫一张纸，以免线圈边与铁心相碰而擦伤绝缘，如图 2-29c 所示。槽内下层线圈边嵌好后，就把层间绝缘放进槽内，用压线板压平。两端伸出槽外应该均等，并选压住下层线圈两端伸出部分。依次嵌入其他各线圈的下层边，直至嵌完一个节距数为止。

（2）嵌入上层边 嵌完一个节距线圈的下层边后，再嵌新线圈时，便可将新线圈的上层边从第一槽起，依次嵌入铁心槽的上层里去。具体方法是：先用压线板压实下层边及层间绝缘，然后上层边推至槽口，理好导线，用左手大拇指及食指把上层边捏扁，依次送入槽内，同时右手拿理线板，在上层边的两边交替地将导线划入槽内。最后再用压线板轻轻压实导线，剪去露出槽口的引槽纸，用理线板将槽绝缘两边折拢，盖住导线，用竹楔压平，如图 2-29c 所示，再把槽楔打入槽内压紧，如图 2-30 所示。接着在两端垫入相间绝缘，使其压住层间绝缘并与槽绝缘相接触。以后的线圈均可照此嵌入槽内，端部相间绝缘应边嵌线边垫上，不要等嵌完线后一起再垫，否则不易垫好。

（3）嵌入最后一个节距线圈 当嵌完最后一个节距线圈以后，就可以把最初吊起的那几个上层边逐一放下，嵌入相应的槽内。

（4）端部整形及绑扎 嵌完全部线圈后，检查绕组外形、端部排列及相间绝缘，认为合乎要求后，将木板垫在绕组端部，用锤轻轻敲打，使绕组两端形成喇叭口，其直径大小要适宜，既要有利于通风散热，又不能使端部离机壳太近，如图 2-31 所示。整形完毕后，修剪相间绝缘，使其高出线圈 3~4mm。

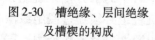

图 2-30 槽绝缘、层间绝缘
及槽楔的构成

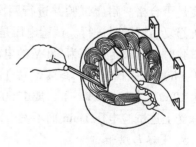

图 2-31 把绕组端部
敲成喇叭口

中型电机每个线圈端部都要用玻璃丝布带包扎；小型电机在端

57

部整形后，连同引出线一起用绑线或布带统一绑扎好。

（5）端部接线　端部接线包括线圈间（指单个绕的线圈）、极相组间以及引出线的连接，这些连接应符合规定。

（6）嵌线质量检查　定子绕组嵌线后的质量检查，包括外表检查、直流电阻测定和耐压试验。

1）外表检查。嵌入的线圈，直线部分应平直整齐，端部没有严重的交错现象；导线绝缘损伤部位的包扎，以及接头的包扎应当正确；相间绝缘应当垫好，端部的绑扎应当牢固，端部的形状和尺寸应符合要求；槽楔不能高于铁心内圆，伸出铁心两端的长度应当近似相等，槽楔端部不应破裂，应有一定的紧度；槽绝缘两端破裂的修复，应当可靠。

2）直流电阻测定。正常情况下，三相绕组的直流电阻应该相同，但因为绕线时的拉力不匀，电磁线有制造公差，以及焊接头的接触电阻不尽相同，所以三相绕组的直流电阻允许有一些差异。一般要求三相电阻不平衡度不得超过 ±4%，即

$$\frac{最大值 - 最小值}{平均值} \times 100\% \leqslant 4\%$$

或
$$\frac{平均值 - 最小值}{平均值} \times 100\% \leqslant 4\%$$

3）耐压试验。通过耐压试验检查绕组对地及绕组互相间的绝缘强度是否合格。耐压试验共进行两次，一次在嵌线后进行，一次在电机修复后试验时进行。试验电压是 50Hz 正弦交流电。在嵌线后进行试验时，对额定电压为 380V 的电动机，试验电压为 1760V（$P_2 <$ 1kW·h）或 2260V（$P_2 \geqslant$ 1kW·h）；在电机修复后试验时，试验电压为 1260V（$P_2 <$ 1kW·h）或 1760V（$P_2 \geqslant$ 1kW·h）。定子绕组应能承受上述试验电压 1min 而不发生击穿。

6. 浸漆与烘干

电动机的绕组绝缘吸附水分或外界空气中的水分侵入绕组，都将使电动机的绝缘电阻下降，因此电动机绕组必须经过浸绝缘漆处理，以提高绕组的绝缘强度、耐热性、耐潮性以及导热能力，同时也增加了绕组的机械强度和耐腐蚀能力。

A 级绝缘绕组常用 1012 牌号耐油清漆，E 级绝缘绕组常用 1032牌号三聚氨胶醇酸漆。

（1）浸漆与烘干的步骤　电动机的浸漆和烘干一般须经过预烘、浸漆、烘干等 3 个步骤。

1）预烘。绕组在浸漆前应先进行预烘，驱除线圈中的潮气。预烘温度一般控制在 110℃左右，时间为 4~8h。预烘时，约每隔 1h测量一次绝缘电阻，待绝缘电阻稳定不变后，预烘即完成。

2）浸漆。经过预烘后，绕组的温度要冷到 60~70℃后，才能浸漆，因为温度过高时，漆中溶剂很快挥发，在绕组表面形成漆膜，而不易浸透内部，但温度太低时，漆的黏度过大，流动性和渗透性较差，浸漆的效果也不好。浸漆要浸 15min 左右，直到不冒气泡为止，然后把电动机垂直搁置滴干余漆。也可用浇漆办法，先浇绕组一端，再浇另一端，要浇得均匀，各部分都要浇到，最好重复浇几次。待余漆滴干后，用松节油将铁心上线圈以外的其他部分（如铁心、止口等）的余漆揩抹干净，送去烘干。

3）烘干。烘干的目的是挥发掉漆中的溶剂和水分，使绕组表面形成较坚固的漆膜。烘干过程最好分两个阶段，第一是低温阶段，温度控制在 70~80℃，烘 2~4h，这样使溶剂挥发比较缓慢，以免表面很快结成漆膜，致使内部气体无法排出；第二是高温阶段，温度控制在 110~120℃，烘 8~16h。以上预烘及烘干温度都是指 A 级绝缘的电机，对 E 级绝缘的电机应相应提高 10~20℃。若对转子，尽可能竖烘，以便于校平衡。

烘干过程中，每隔 1h 用绝缘电阻表测量一次绕组对地的绝缘电阻，开始时绝缘电阻下降，以后逐步上升，最后 3h 内必须趋于稳定，一般要在 5MΩ 以上，烘干才算结束。

（2）烘干方法　电动机长期不使用或安装在潮湿的地方，同样会使绕组受潮，绝缘电阻下降，这样的电动机在使用前必须进行烘干处理，以恢复绕组的绝缘电阻。常用的烘干设备和烘干方法有：

1）循环热风干燥室：如图 2-32a 所示，干燥室一般用耐火砖砌成，有内外两层，中间填隔热材料（如石棉粉、硅藻土等），发热器可采用电热丝、煤气、蒸汽等加热。但不能裸露在干燥室内，因为绝缘漆和漆中溶剂都很容易燃烧。干燥室外装有鼓风机，将电热器产生的热量均匀地吸入干燥室内。不装鼓风机也可使用，但温度不够均匀，干燥时间较长。

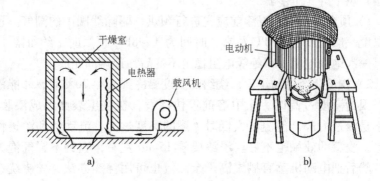

图 2-32　烘干方法
a）循环热风干燥　b）用煤炉干燥

2）灯泡干燥法：用红外线灯泡或一般灯泡，使灯光直接照射到电动机绕组上。改变灯泡瓦数，可以改变温度。

3）煤炉（或电炉）干燥法：采用煤炉（或电炉）干燥，如图 2-32b 所示，电动机定子下面放一只煤炉（或电炉），煤炉上用薄铁板隔开间接加热，定子上端放一只端盖，然后用旧麻袋覆盖保温。在干燥过程中要注意防火。

4）电流干燥法：如图 2-33 所示，在定子绕组的线圈中（如果是装配好的电动机，应拆开并抽出转子），通入单相 220V 的交流电，电路中加接变阻器、电流表、熔丝等，以便调节电流和过电流保护，电流为电动机额定电流的 1/2。如果电动机有 6 根引出线，可以将各相绕组串联起来通电，如图 2-33a 所示；如果电动机只有 3 根引出线，则先接两根，过 1h 再换一根，使绕组加热均匀，如图 2-33b、c所示。通过测量铁心温度，可知绕组温度，应控制绕组温度不超过允许值，并随时测量电动机的绝缘电阻，达到要求后，就可以停止通电。

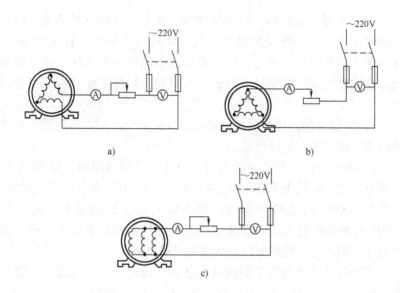

图2-33　电流干燥法

a）各相绕组串联加热　b）、c）按先后顺序加热

7. 三相异步电动机性能测试

（1）绕组冷态直流电阻的测定

1）测试目的：确定三相绕组的电阻是否平衡，从而检查绕组接头焊接是否牢固，各相绕组匝数是否相等，有否匝间短路及接线是否正确。

2）测试方法：绕组的冷态直流电阻，按电动机的功率大小，电阻在 10Ω 以上为高电阻，电阻在 10Ω 以下为低电阻。高电阻可用单臂电桥或万用表测量，测量低电阻必须用精度较高的双臂电桥。应测量3次，取其平均值。接触电阻对低电阻的测量影响较大。测量时，接触应良好。

绕组的每相电阻与以前测得的数值或出厂的数据相比较，其差别不应超过 2%~3%，平均值不应超过 4%。对三相绕组，其不平衡度以小于 5% 为合格。若电阻相差过大，则焊接质量有问题，尤其在多路并联的情况下，可能是一个支路脱焊。若三相电阻数值都偏大，则表示线径过细。

（2）绝缘电阻试验　电动机绝缘是比较容易损坏的部分，电动机绝缘不良，将会烧毁绕组或造成电动机机壳带电。若接地不良，将会造成触电事故。因此，经过修理的电动机和尚未使用的新电动机，在试验之前都要经过严格的绝缘试验，以保证电动机的安全运行。

1）测试目的：检查绕组与机壳以及三相绕组间是否短路；检查电动机干燥程度及绝缘质量。

2）测试方法：测量绝缘电阻一般使用绝缘电阻表，对 500V 以下的电动机，可采用 500V 的绝缘电阻表；对 500～3000V 的电动机，应使用 1000V 的绝缘电阻表；对 3000V 以上的电动机，可采用 2500V 的绝缘电阻表。如果各相绕组的首尾端引出机壳外，还应测量每相绕组的对地绝缘电阻，相间的绝缘电阻。

新嵌线的电动机绕组耐压试验前，绝缘电阻一般规定为：低压电动机不小于 5MΩ；3～6kV 高压电动机不小于 20MΩ。

三相异步电动机的绝缘电阻值不得低于 0.5MΩ。若低于 0.5MΩ，必须先经干燥处理之后，方可进行通电运转和耐压试验。

3）注意事项：

① 使用绝缘电阻表测量绝缘电阻时，应选用与被测电动机电压相应的等级。

② 使用绝缘电阻表测量绝缘电阻时，应使绝缘电阻表达到规定的转速 120r/min 且转速均匀，待指针稳定后方能读取绝缘电阻表的数值。

③ 测定大型电动机绝缘电阻时，应判断是否受潮，还要作出绝缘吸收试验。即用绝缘电阻表连续不断测量 1min（每分钟平均摇动约 120 转），记出 1min 时的绝缘电阻值 R_{60}。再用同样方法测量 15s 绝缘电阻值 R_{15}。R_{60}/R_{15} 的比值，叫做吸收比，吸收比大于 1.3 可以认为绝缘干燥，否则认为已受潮。

（3）绝缘耐压试验　绝缘耐压试验包括绕组对地、绕组之间以及匝间的绝缘强度试验。通常是用 50Hz 的高压交流电进行，看能否经受一定的高压而不被击穿。

1）测试目的：通过绝缘耐压试验，可以确切地发现绝缘局部或整体所存在的缺陷。每一台绕组嵌线修复后的电动机都应作耐压试验。

2）测试方法：

① 绕组对地和绕组间的耐压试验。试验可采用如图 2-34 所示的电路。试验电源的一极接在被试绕组的引出线端，而另一极则接在电动机的接地机壳上。在试验一个绕组时，其他绕组在电气上都应与接地机壳连接。

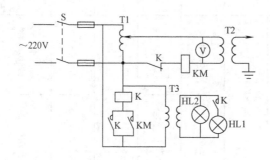

图 2-34　绝缘耐压试验电路

图 2-34 中，T1 为调压器，T2 为 1:30 的升压变压器，也可利用同样电压比的电压互感器电压表接在低压侧，可将表盘按电压比标成高压刻度，以便读数。T3 为供给指示灯的电源。试验时，合上开关 S，电路接通，指示灯 HL2（绿）亮。增大电压时，要逐渐地或阶段地（不超过全值的 5%）进行。试验电压由半值升高到全值的时间不应小于 10s，全值试验电压保持 1min 后降为全值的 1/3，然后把电源切断。若绝缘被击穿，则 KM 动作，接通中间继电器 K，切断变压器一次侧，同时 K 的常开触头闭合，接通指示灯 HL1（红），发出警告。

大型电机在包绝缘、嵌线、接线过程中，为了及时发现缺陷，防止返工，各工序都要进行耐压试验。试验电压见表 2-10、表 2-11。

表2-10 交流电机定子绕组绝缘耐压试验电压值

线圈形式	多匝线圈					单匝线圈	
额定容量 $S_N/kV \cdot A$	$S_N < 1$	$1 \leq S_N < 3$	$3 \leq S_N \leq 10000$	$S_N \geq 10000$		$S_N \geq 10000$	
额定电压 U_N/kV	$U_N < 0.5$	$U_N < 0.5$	$0.5 \leq U_N \leq 10.5$	$3 \leq U_N < 6$	$U_N \geq 6$	$3 \leq U_N < 6$	$U_N \geq 6$
1. 绝缘热压成形后	—	—	$2.75U_N + 4.5$	$2.75U_N + 4.5$	$2.75U_N + 6.5$	$2.75U_N + 4.5$	$2.75U_N + 6.5$
2. 下层嵌线后	—	—	—	—	—	$2.5U_N + 2.5$	$2.5U_N + 2.5$
3. 打完槽楔后	$2.0U_N + 1.0$	$2.0U_N + 2.0$	$2.5U_N + 2.5$	$2.5U_N + 2.5$	$2.5U_N + 4.5$	$2.5U_N + 1.5$	$2.5U_N + 3.0$
4. 并头套连接线绝缘后	$2.0U_N + 0.75$	$2.0U_N + 1.5$	$2.25U_N + 2.0$	$2.25U_N + 2.0$	$2.25U_N + 4.0$	$2.25U_N + 2.0$	$2.25U_N + 4.0$
5. 电机总装后	$2.0U_N + 0.5$	$2.0U_N + 1.0$	$2.0U_N + 1.0$	$2.5U_N$	$2.0U_N + 3.0$	$2.5U_N$	$2.0U_N + 3.0$

表 2-11　绕线转子绕组耐压试验电压

电机特征	试验电压/V			
	单个线圈	嵌线后	拼头后	总装后
不逆转的电机	$2U_{o2}+3000$①	$2U_{o2}+2000$	$2U_{o2}+1500$	$2U_{o2}+1000$
可逆转的电机	$4U_{o2}+3000$②	$4U_{o2}+2000$	$4U_{o2}+1500$	$4U_{o2}+1000$

注：① U_{o2} 为转子静止时开路电压（V）。
　　② 半闭口槽嵌入式线圈不作此试验。

对于电压在 380V 以下的电动机，如果没有试验设备，可用电压为 1000V 的绝缘电阻表作耐压试验，摇测 1min。

② 匝间耐压试验。匝间耐压试验应在电动机空载试验以后进行，试验时，把外加电压增加到额定电压的 130%，持续运行 5min。对于曾经使用过的或绕组绝缘局部更换的电动机，可运行 1min。

绕线转子异步电动机的匝间耐压试验，应在转子固定和开路时进行。这时，加于定子绕组的试验电压要高于额定电压的 30%，转子绕组中所感应的电压也就高于额定电压的 30%。这样就同时对定、转子绕组进行了匝间耐压试验。

3）注意事项：

① 进行耐压试验时，必须注意安全。

② 在试验一相绕组时，其他绕组在电气上都应与接地机壳连接。

③ 试验开始时的电压，应不超过试验电压 1/3，增大电压时，要逐渐上升或分阶段（每阶段不超过全额值的 5%）进行。

④ 试验电压由半值升高到全值的时间，不应小于 10s，全值试验电压需保持 1min，然后降为全值试验电压的 1/3，再切断电源。

（4）空载试验

1）试验目的：测量空载电流，检查电动机绕组的接线和线圈匝数是否正确，并检查铁心是否发热或过热，以及轴承温度是否偏高。测定电动机的空载电流 I_0 和空载损耗 P_0；通过电动机的空转，检查电动机的装配质量和运行状况。

2）空载试验方法：空载试验电路如图 2-35 所示。

在电动机不带任何负载的情况下，对定子绕组施加三相平衡电压。试验时应测量三相电压、三相电流及三相输入功率。

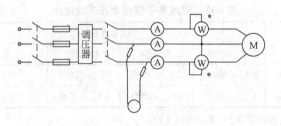

图 2-35　空载试验电路

由于空载时，电动机的功率因数较低，一般 $\cos\varphi \leqslant 0.2$，为了确保测量的准确性，最好采用低功率因数瓦特表来测量功率，电流表和功率表的电流线圈应按可能出现的最大空载电流来选择量程。电动机起动过程中，要慢慢升高电源电压，以免起动电流过大而冲击仪表。

当三相电压对称且等于额定电压 U_N 时，电动机三相中任一相的空载电流，与三相电流平均值的偏差，均不得大于三相平均值的10%，若超过 10%，应查明原因。

空载时，电动机不输出机械功率，此时的输入功率就是电动机的空载损耗功率 P_0。

电动机空载电流 I_0 与额定电流 I_N 的百分比 $I_0/I_N \times 100\%$，一般应在表 2-12 所列数据之中。

表 2-12　电动机空载电流与额定电流的百分比

空载电流（%）　　容量 极数	0.125kW 以下	0.5kW 以下	2kW 以下	10kW 以下	50kW 以下	100kW 以下
2	70 ~ 95	45 ~ 70	40 ~ 55	30 ~ 45	23 ~ 35	18 ~ 30
4	80 ~ 96	65 ~ 85	45 ~ 60	35 ~ 55	25 ~ 40	20 ~ 30
6	85 ~ 98	70 ~ 90	50 ~ 65	35 ~ 65	30 ~ 45	22 ~ 33
8	90 ~ 98	75 ~ 90	50 ~ 70	37 ~ 70	35 ~ 50	25 ~ 35

3）注意事项：

① 在电动机起动时，应将电流表、功率表短接，待电动机稳定后，方能进行测试。

② 在试验绕线转子异步电动机时，应将起动变阻器全部短接，

并将转子绕组短接。额定电压在 500V 以上的绕线转子异步电动机，加在定子绕组上的电压可适当降低。

③ 对于多速电动机，其空载试验应在各个额定转速下进行。

④ 监测三相交流电压是否平衡。

（5）超速试验

1）试验目的：超速试验的目的，是考核电机转子零部件的刚度和强度，转子转动平衡的质量，以及转子和轴承的装配质量等。

2）试验方法：

① 各类型电机应能承受标准规定的转速，见表 2-13，持续时间为 2min 。

② 超速试验前，应仔细检查电机的装配质量，特别是转动部分的装配质量。为了确保人身、设备的安全，被试电机的周围应有可靠的保护装置，被试电机的控制与振动、转速、油温等量的测量，应在远离被试电机的安全地区进行。

表 2-13　各类电机超速要求

项号	电机类型	超速要求
1	交流电机（本项①～③除外）： ① 水轮发电机及与其直接连接（电气或机械的）的所有辅助电机 ② 在某些情况下可被负载驱动的电机 ③ 串励和交、直流两用电动机	① 1.2 倍最高额定转速，如无其他规定即为机组的飞逸转速，但应不低于 1.2 倍最高额定转速 ② 机组的飞逸转速，但应不低于 1.2 倍最高额定转速 ③ 1.1 倍额定电压下的空载转速；对不能和负载分离的电机，空载转速是指最轻负载时的转速
2	直流电机： ① 并励或他励电动机 ② 转速调整率为 35% 或以下的复励电动机 ③ 串励电动机和转速调整率大于 35% 的复励电动机 ④ 永磁电动机 ⑤ 发电机	① 1.2 倍最高额定转速或 1.15 倍空载转速，二者取较高者 ② 1.2 倍最高额定转速或 1.15 倍空载转速，二者取较高者，但应不超过 1.5 倍最高额定转速 ③ 1.1 倍安全运行最高转速，该转速应由制造厂在铭牌上标明，但对能承受超速为 1.1 倍额定电压下空载转速的电动机不需标明 ④ 按本项①的规定，但如电动机具有一组串励绕组，则应按本项②或③的规定 ⑤ 1.2 倍额定转速

在升速过程中，当电机达到额定转速时，注意观察运转情况，确无异常现象时，再以适当加速度升到规定的转速进行超速试验。

（6）温升试验

1）试验目的：电动机温升试验是为了检查电机在额定负载下运行时其各部温升是否正常。

2）试验方法：电动机的温升必须在电动机满载运行时，温度达到稳定的情况下测定，从开始运转至电动机温度稳定需要数小时。一般用发电机作为电动机的负载，调节发电机的负载电阻，就能调节电动机的负载。测量温升的方法，一般有温度计法和电阻法。为了节省用电，也可在空载运行下测量，再行换算。

① 温度计法：当电动机处于额定状态运行时，待电动机温度稳定后，用温度计测量电动机各部分温度，所测都是电动机表面的温度，比绕组内部温度最高点大致低 $10℃$，因此应把测得的温度加上 $10℃$，与环境温度之差，就是电动机的温升。

温度计应用酒精温度计，不宜使用水银温度计。在测量绕组温度时，温度计的玻璃球应紧贴线圈，可用锡箔紧裹温度计的玻璃球，再紧贴在线圈上，外面包以棉絮。对于封闭式电动机，可将吊环旋出，将温度计用锡箔紧裹玻璃球塞入吊环孔中测量（四周用棉絮裹住）。

② 电阻法：导体电阻是随温度高而增大的，分别测出冷态和热态时的电阻，就可以计算出温差。在试验前，先测得绕组的相电阻 R_1 及线圈的温度 t_1，然后起动电动机，使在额定情况下运转，每隔 $0.5h$ 左右，测量一次电阻，至电阻不再增加时，记录这时的相电阻 R_2。计算线圈温度升高的度数 Δt，即

$$\Delta t = \frac{R_2 - R_1}{R_1}(235 + t_1) \qquad (2\text{-}14)$$

以环境温度 t_0 为标准，则线圈的温升为

$$\theta = \frac{R_2 - R_1}{R_1}(235 + t_1) + t_1 - t_0 \qquad (2\text{-}15)$$

式中　235——铜线电动机适用的常数；若为铝线电动机，常数应为237。

测量电阻可以用电桥，或通以直流电源，测量电流和电压，再计算出电阻。电阻法只能求取绕组的平均温升，它比绕组的最热点的温度低5℃左右。

第四节　直流电动机的应用

69

一、直流电动机的结构与工作原理

1. 结构

直流电动机主要由定子、转子、电刷装置以及支撑附件组成，其结构如图2-36、图2-37所示。

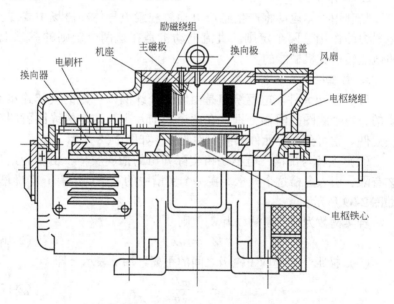

图 2-36　直流电动机的结构

（1）定子　主要由主磁极、机座、换向磁极、电刷装置和端盖组成。

（2）转子　主要由电枢铁心、电枢绕组、换向器、电机转轴和轴承组成。

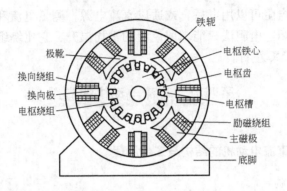

铁轭
极靴
换向绕组
换向极
电枢绕组
电枢铁心
电枢齿
电枢槽
励磁绕组
主磁极
底脚

图 2-37　直流电动机的剖面图

2. 工作原理

是利用导体运动将产生感应电动势和载流导体在磁场中要受到电磁力的作用这两个定则。直流电动机是在这两个定则的基础上，将电能转换成机械能的。

3. 电枢绕组的主要参数

（1）绕组元件　电枢绕组是由许多个线圈以一定的规律连接起来的，每个线圈的两端分别接在两个换向片上，这样的线圈就叫绕组元件。它可分为叠元件和波元件两种，如图 2-38 所示。

（2）实槽与虚槽　电枢绕组实际开出的槽叫实槽，由于制造工艺有限，引入虚槽这个概念。在一个实槽中的上下层中有 u 个虚槽，如图 2-39 所示。

若实槽数为 Z，虚槽数为 Z_u，则

$$Z_u = uZ \tag{2-16}$$

（3）极距　相邻两主磁极之间的距离，用 τ 表示，即

$$\tau = \frac{\pi D}{2p} \tag{2-17}$$

式中　D——电枢的铁心外直径；

p——直流电极的磁极对数。

（4）绕组的第一节距 y_1　一个元件的两个有效边在电枢表面跨过的元件边数，即

$$y_1 = u\frac{Z}{2p} \pm \varepsilon \tag{2-18}$$

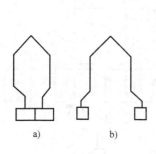

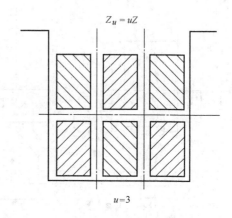

图 2-38 绕组元件
a）叠元件 b）波元件

图 2-39 虚槽结构示意图

式中 u——一个实槽中的虚槽数；

Z——实槽数；

ε—— 使 y_1 取整的分数，短节距取负，长节距取正。

（5）第二节距 y_2 表示相串联的两个元件中，第一个元件的下层边与第二个元件的上层边之间的距离。

（6）合成节距 y 相串联的两个元件的对应边之间的节距，如图 2-40 所示。

单叠绕组： $$y = y_1 - y_2 \qquad (2\text{-}19)$$
单波绕组： $$y = y_1 + y_2 \qquad (2\text{-}20)$$

（7）换向节距 y_K 一个元件的两个出线端所连接的换向片之间的距离。由于元件数等于换向片数，因此元件边在电枢表面前进或后退多少个虚槽，其出线端在换向片上也必然前进或后退多少个换向片，所以换向器节距等于合成节距，即

$$y = y_K \qquad (2\text{-}21)$$

4. 单叠绕组的展开图

（1）特点 $y = y_K = \pm 1$（取 +1 时绕组右行，取 -1 时绕组左行）。

例如：一台磁极对数 $p = 2$ 的直流电机，$Z = K = S = 16$（Z——

72

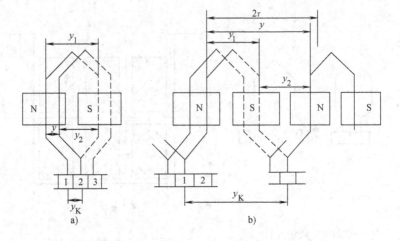

图 2-40　绕组节距示意图

a）单叠绕组　b）单波绕组

实槽数，K——换向片数，S——绕组元件数），$u = 1$。接成右行单叠绕组。

（2）计算节距

$$y_1 = u\frac{Z}{2p} \pm \varepsilon = 16/4 = 4$$

$$y_K = y = 1$$

$$y_2 = y_1 - y = 4 - 1 = 3$$

（3）绘制单叠绕组的展开图

1）各画 16 根等长的等距的平行实线和虚线，实线代表上层，虚线代表下层，并在线上依次标上 1～16 号。

2）将 1 号元件的上层边放在上层边的 1 号槽上，其下层边应放在 $1 + y_1 = 5$ 号槽的下层边，将 1 号边的实线和 5 号边的虚线相连，取换向片的宽度等于一个槽距。

3）将 1 号元件首端连在 1 号换向片上，因 $y_K = y = 1$，且右行，所以 1 号的尾端连在 2 号换向片上。显然，元件号、上层边所在槽号和该元件首端所连换向片的编号相同。

4）依次画出 2～16 号元件，从而将 16 个元件通过 16 片换向片连成一个闭合的回路。

5）画磁极：$2p=4$，4 个磁极，在圆周上均匀分布，即相邻的磁极中心线相隔 4 个槽 1~5。磁极的宽度约为 τ 的 0.7 倍，如图 2-41 所示。

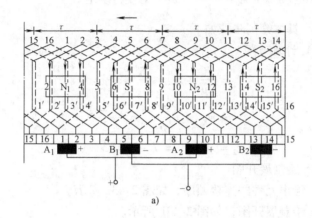

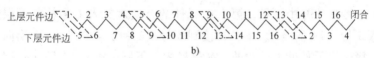

图 2-41　单叠绕组展开图

a）展开图　b）元件连接顺序

6）画电刷及并联支路数：电刷数等于磁极数，放置电刷时应使正负电刷间的感应电动势最大，或被电刷短路的元件感应电动势最小，即放在磁极的中心线上，电刷间的电动势等于并联支路的电动势。如图 2-41 所示，被电刷短接的元件正好是 1、5、9、13。

单叠绕组将位于同一磁极下的各个元件串联起来组成一个支路，即支路数等于磁极数。例如：如图 2-42 所示，单叠绕组并联支路为（2，3，4）、（6，7，8）、（10，11，12）、（14，15，16）。电枢电流等于各并联支路电流之和。

图 2-42　单叠绕组并联支路

5. 绘制单波绕组展开图

例6 一台直流电机，$Z = S = K = 15$，$2p = 4$，$u = 1$ 接成单波绕组，其特点是 $y = y_K = \dfrac{K \mp 1}{p}$，负号为左行绕组。

解 具体绘制步骤如下：

（1）计算节距

$$y_1 = \frac{Z}{2p} \mp \varepsilon = \frac{15}{4} + \frac{1}{4} = 4$$

$$y = y_K = \frac{K \mp 1}{p} = \frac{15 - 1}{2} = 7$$

$$y_2 = y - y_1 = 7 - 4 = 3$$

（2）绘制展开图

1）绘出元件的连接顺序，如图 2-43a 所示。

2）绘制展开图，如图 2-43b 所示。

从图 2-43b 中可见，第 1 个元件的上层边放入 1 号槽，下层边放入 5 号（$1 + y_1 = 5$）槽，再接到 8 号（$1 + y_K = 1 + 7 = 8$）换向片上，第 2 个元件的上层边放入 8 号槽内，下层边放入 12 号（$8 + 4 = 12$）槽内，接到 15 号换向片上，依次类推构成闭合回路。

3）电刷的位置和并联支路数：

① 在元件对称时，电刷应放在磁极的中心线上，支路电势最大。

② 元件 5、12、1、8、9 被电刷短接，同极下的各个元件串联组成一个支路，支路对数 $a = 1$，与磁极对数 p 无关，如图 2-44 所示。

③ 电刷采用（全额电刷）等于磁极数，电刷电动势等于支路电动势，电枢电流等于各支路电流之和。

6. 直流电动机的励磁方式

按励磁方式可分为他励、并励、积复励、差复励和串励。励磁方式不同的直流电动机在接线上有很大的差异，图 2-45 所示为各种励磁方式的接线图。

（1）他励直流电动机 他励直流电动机的励磁绕组和电枢分别由两个不同的电源供电，这两个电源的电压可以相同，也可以不同，

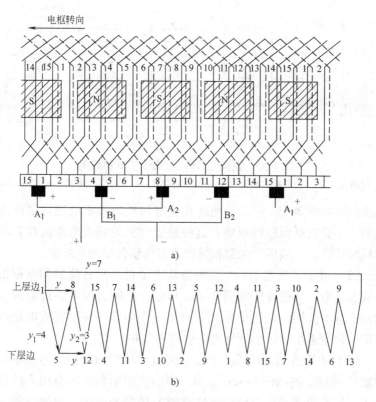

图 2-43　单波绕组展开图

a）展开图　b）元件连接顺序

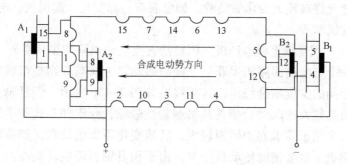

图 2-44　单波绕组并联支路

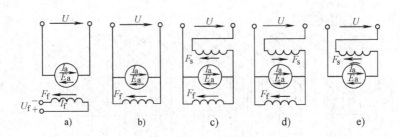

图 2-45　直流电动机各种励磁方式接线图

a) 他励电动机　b) 并励电动机　c) 积复励电动机　d) 差复励电动机　e) 串励电动机

其接线图如图 2-45a 所示。他励直流电动机的励磁电流与电枢电流无关，不受电枢回路的影响。这种励磁方式的直流电动机具有较硬的机械特性，一般用于大型和精密直流电动机驱动系统中。

（2）并励直流电动机　并励直流电动机的励磁绕组和电枢由同一电源供电，其接线图如图 2-45b 所示。并励直流电动机的特性与他励式基本相同，但比他励式节省了一个电源。并励直流电动机一般用于恒压系统。中小型直流电动机多为并励式。

（3）串励直流电动机　串励直流电动机的励磁绕组与电枢回路串联，其接线图如图 2-45e 所示。串励直流电动机具有很大的起动转矩，但其机械特性很软，且空载时有极高的转速，串励直流电动机不准空载或轻载运行。串励直流电动机常用于要求很大起动转矩且转速允许有较大变化的负载。如电瓶车、起货机、起锚机、电车、电传动机车等。

（4）积复励直流电动机　积复励直流电动机除并励绕组外，还接入一个与电枢回路相串联、其励磁磁动势方向与并励绕组磁动势方向相同的少量串励绕组，其接线图如图 2-45c 所示。积复励直流电动机具较大的起动转矩，其机械特性较软，介于并励式和串励式之间。多用于要求起动转矩较大，转速变化不大的负载，如拖动空气压缩机、冶金辅助传动机械等。由于积复励直流电动机在两个不同旋转方向上的转速和运行特性不同，因此不能用于可逆驱动系统中。

（5）差复励直流电动机 差复励直流电动机，除并励绕组外，还接入一个与电枢回路相串联、励磁磁动势方向与并励绕组的磁动势方向相反的串励绕组，其接线图如图 2-45d 所示。这种电动机起动转矩小，但其机械特性较硬，有时还可能出现上翘特性。差复励直流电动机一般用于起动转矩小，而要求转速平稳的小型恒压驱动系统中。这种励磁方式的直流电动机不能用于可逆驱动系统中。

二、直流电动机的使用与维护

1. 电枢绕组的故障与修理

（1）电枢绕组的短路与断路故障

1）故障检查：首先将电源或外部电路切断，转子静止不动，把电刷提起，用一个低电压大电流的直流电源，接到换向器两端，用直流毫伏表测量每两个换向片之间的电压。通过测量各片间的电压，很容易找到绕组元件短路和断路点的存在。断路点片间的电压较高，短路间的电压较低。通电时注意电流不可超过额定电流（在叠绕组中指一对并联支路所允许通过的电流），以免烧毁电枢绕组，如图2-46所示。

2）找出故障点后，如果是绕组短路，对故障点应用砂纸打光，重新包匝间绝缘，再嵌入线槽。如果是绕组断路，可以采用对接银磷铜焊，必要时也可以在中间加接相同规格及材质的导线进行对接焊，用绝缘材料绑扎好。

（2）电枢绕组接地

1）故障拖灯检查法：如图 2-47 所示，用 220V 小功率交流拖灯接在换向片和轴上，根据试验时观察到的火花、烟雾、响声来判断接地点。

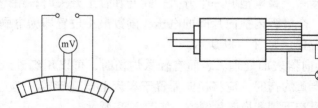

图 2-46 检查电枢绕组的 短路与断路故障

图 2-47 用拖灯检查 电枢绕组的接地点

2）故障处理：如果故障点在端部和槽口，可以用绝缘薄膜将其包扎好。如果故障点在槽内，必要时重新更换线圈。

2. 直流电机换向器的修理

（1）换向器的作用　换向器又叫整流子，其结构如图 2-48 所示。对于发电机，换向器的作用是把电枢绕组中的交变电动势转变为直流电动势向外输出直流电压；对于电动机，它是把外界供给的直流电流转变为绕组中的交变电流以使电动机旋转。

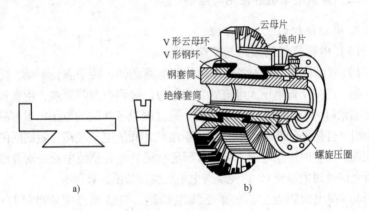

图 2-48　换向器的结构

a）换向片　b）换向器

（2）直流电机换向器故障与修理

1）换向片短路。清理干净云母沟中流入的焊锡、金属、碳粉，即可排除。

2）电刷位置偏离中性线的处理。将电刷全部抬起，在励磁绕组引线端连接一个蓄电池和一个开关，断开和合上开关时，用毫伏表依次测量一个极距内换向片间的电压，读数最小位置即为电刷的几何中性线位置，如图 2-49 所示。

3）换向器表面处理。表面有轻微灼伤时，可以用细砂纸打磨光。如果严重灼伤时，应将换向器置于车床上低速旋转，车光，然后进行云母沟下刻和换向片倒棱，如图 2-50 所示。

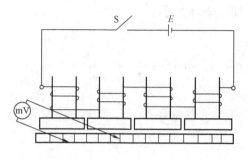

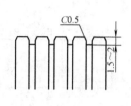

图 2-49 电刷中性线的确定　　　　图 2-50 云母沟的正确刻法

3. 直流电机性能的试验

（1）电机绕组的极性检查试验

1）检查试验的目的：确定各绕组的绕制、装配及相互间的连接是否正确，以保证电机的正常运行。

2）检查的方法：

① 检查主磁极与换向极绕组连接的正确性：直流电机的主磁极总是成对的，各主磁极励磁绕组的连接，必须使相邻磁极的极性按 N 极和 S 极的顺序依次排列。直流电机的换向极也是成对的，安装在相邻主磁极之间，其数量和主磁极数量相同。主磁极与换向极的交替排列关系应为：顺着电机旋转方向，在发电机中，每个主磁极后面装的是极性相反的换向极；而在电动机中，每个主磁极后面则是相同极性的换向极。

检查方法有观察法、磁针法和试验线圈法。一般现场都用磁针法。对于开启式电机的磁极绕组能够看见时，可沿着磁极检查各绕组的绕制方向及其相互间的连接。

磁针法也叫做指南针法，在磁极绕组内通以适当的电流，再将磁针放在电机外壳和固定磁极的螺钉上，观察磁针的偏转方向，就可确定各磁极的极性。也可在相邻两个磁极极靴之间插入两个短铁棒，当磁极绕组通电后，如相邻磁极的极性相反，则两铁棒相互吸引，反之则互相排斥。

② 检查换向极绕组和补偿绕组对电枢绕组之间连接的正确性。换向极绕组和补偿绕组与电枢绕组都是串联连接的，分别将电池接

到换向极绕组和补偿绕组，如图2-51所示。

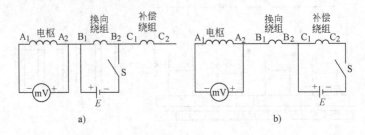

图2-51　换向极和补偿绕组对电枢极性的检查接线

a）换向极对电枢　b）补偿极对电枢

毫伏表接于电刷两端，当手动开关 S 合上的瞬间，电枢绕组中产生感应电动势，其方向可由毫伏表确定，如毫伏表指针向右偏转（即电枢绕组的 A_2 端与换向极绕组的 B_1 端或补偿绕组的 C_1 端为同名端），则表示两绕组之间的连接是正确的。因为此时电枢绕组的磁通与换向极和补偿绕组的磁通方向相反，反之则接线错误。若换向极绕组由两部分构成，则分别将电池接在电枢的两侧，分两次检查。

（2）电刷中性线位置的确定

1）确定的目的：在电机各绕组正确接线情况下，为保证电机运转性能良好，电机的电刷必须在中性位置上，为此，在电机运转前，应进行电刷中性位置检查。

2）常用方法：

① 感应法。感应法是确定电刷中性位置最常用的方法。当电刷在中性位置时，主磁极绕组和静止的转子绕组之间的变压器电势为零。因此，在电机静止状态下，先将毫伏表接在相邻两组电刷上，同时在励磁绕组上接上 1.5~6V 直流电源，并交替接通或断开电源；然后逐步移动刷架位置，在不同位置上测量出励磁电流断开时的转子绕组感应电势值。当感应电势为零时的电刷所在位置，就是电刷的中性位置。然后紧固刷架固定螺钉。在固定刷架位置后，再重复校验一遍，看其是否在最佳中性位置。

② 电动机正反转法。用电动机正反转法确定电刷中性位置时，电机最好接成他励方式进行试验。电机在外施电压不变、励磁电流

不变的情况下空载进行正转和反转，分别测量电机在正转和反转时转速，若两者转速相等，此时电刷所在的位置即是电刷中性线。若转速不相等，则移动刷架。

调整刷架的方法是：假设电机正转时的转速为1500r/min，反转时的转速为1400r/min，此时应将刷架按电机反转时的旋转方向移动，使转速升高到1450r/min，再进行正转方向验证，看是否也下降到1450r/min，若仍不相等，则继续按上述方法进行调整，直到电机在正反方向旋转时转速数值相等或正、反转时的转速与其算术平均值之差都小于5%为止。

注意：用此法测定刷架中心时，电机若带有串励绕组时，试验时串励绕组不可接入，以便于试验。若带串励绕组试验时，在电机反转时，串励绕组也必须跟着反接。

（3）绕组直流电阻的测定

1）测定的目的：确定直流电动机电枢绕组及接线是否正确。

2）测定方法：测量绕组的直流电阻最好采用双臂电桥。测量时应测量三次，取其算术平均值，同时用温度计测量环境温度。

测得的各绕组的直流电阻值与制造厂或安装时最初测得的数据进行比较，其相差不得超过±2%。

（4）空载试验

1）试验的目的：主要是检查直流电机各部分有无过热，电刷下有无火花。这时对直流发电机要测定空载电压的建立是否正常，尤其是并励发电机，一定要能建立正常电压。对直流电动机要监视其在额定电压下的转速是否正常及稳定。

2）试验方法：试验时，逐步增加电机的励磁电流，直至电枢两端的电压为额定电压的1.2倍；然后逐步减少励磁电流到零，逐段记录电枢两端电压及励磁电流的数据（在额定电压左右多取几点数据），作出空载特性曲线。同时可以在空载试验中检查铁心是否发热或过热、轴承的温度是否过高、噪声及正反向转动时的换向火花是否正常。

（5）负载试验

1）试验的目的：负载试验的目的，是考验电机在额定工作条件下输出是否稳定（发电机是输出电压、电流，电动机是转矩、转速），并检查电机的换向和振动情况，检查电机各部分的温升是否合格。

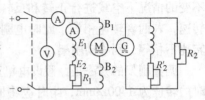

图 2-52 直流电动机负载试验

2）试验方法：直流电动机额定负载试验如图 2-52 所示。

当电动机在额定电流、电压及额定励磁电流时，加上额定负载，检查换向火花、转速及温升。各项技术指标应符合要求。

试验时，每半小时记录一次电枢电压、电流、励磁电压、励磁电流、转速、火花等级及温度等数据。

（6）短时过载试验

1）试验目的：主要是检验电机的过载能力及力学性能。

2）试验方法：如图 2-52 所示，改变 R_2 的阻值，使负载增加至额定负载的 1.5 倍，超载时间 15s，电机应不损坏或变形，并检查换向火花是否超过所允许的换向火花等级要求。

复习思考题

1. 简述变压器的工作原理。
2. 简述三相异步电动机的工作原理。
3. 小型电焊机的用途是什么？
4. 简述直流电动机的工作原理。

第三章

低压电器和电动机控制电路的应用

培训目标 熟悉其他低压电器的应用原理和选用方法；熟悉三相电动机起动控制电路的电路组成和工作原理；熟悉三相电动机制动控制电路的电路组成和工作原理；熟悉三相电动机调速控制电路的电路组成和工作原理；熟悉绕线转子异步电动机控制电路的电路组成和工作原理；掌握电动机控制电路的安装方法。

第一节 其他低压电器的应用

一、计数器的原理与应用

计数器在工业自动化控制中有着广泛的应用。近几年，随着经济的发展，计数器已由原来在控制电路中作计数控制，逐步发展成为不仅能计数控制，还可以实现自动确定长度的控制。由于这种功能的实现，使得计数器不仅适用于重工业自动化控制，而且在轻工业领域也有广泛的应用，例如纺织、印刷、食品等行业。

计数器按适用范围可以分为：

（1）滚动式计数器

1）适用范围：滚动式计数器是用于测量长度和各种机械传动的仪器，一般用于纺织、印染、塑料薄膜、人造皮革等长度记录的场合。其常见外形如图 3-1 所示。

图 3-1　滚动式计数器

2）工作原理：当记录长度为 1m（或 1 码）时滚动轮旋转 3 圈，计数器数字显示 1，依此类推，采用十进位，但不能逆向计数。复位机构采用手动复位，旋转一周后数字全部为"0"字，然后为下次计数做好准备。

3）主要技术参数：

① 计数范围：0～99999。

② 转动比：1:3。

③ 最高计数速度：200 次/min。

（2）电磁式计数器

1）适用范围：常用电磁式计数器采用十进制，计数位数有二位、三位、四位、五位、六位等多种规格，机身结构轻巧，并采用手动复位，被广泛用于印刷、纺织、印染、机械等行业。其常见外形如图 3-2 所示。

图 3-2　电磁式计数器

2）主要技术参数：

① 计数位数：分为二位、三位、四位、五位、六位。

② 复位方式：可手动复位。

③ 最大积算容积：999999。

④ 电压种类：DC 12～220V；AC 24～220V。

⑤ 计数速度：DC 25 次/s；AC 10 次/s。

⑥ 功率：DC 3.75W；AC 4.0V·A。

⑦ 最小脉冲宽度（通/断）：直流 25/22ms；交流 50/50ms。

（3）电子式计数器

1）适用范围：电子式计数器广泛适用于产品数量、流量、长度等所有需要计数的场合，并可与二次仪表组成显示仪器。其常见外形如图 3-3 所示。

图 3-3 电子式计数器

2）主要技术参数：

① 额定电源电压、计数电压：AC 24V、110V、220V；DC 6.3V、12V、24V。

② 电源功耗：不大于 3W。

③ 工作环境温度：-10～+45℃（无冷凝水）。

④ 预计数：1～9999（×1、×10、×100 通过面板上开关选择）。

⑤ 计数输入方式：电压输入型，即电压通过触点信号或非触点信号（电信号、传感器信号如光敏开关、接近开关等）。

85

⑥ 停电保持：一次开机可保持数据 3 个月以上，电池寿命 3 年以上。

⑦ 可按预置数接通或分断电路；设 ×1、×10、×100 倍率，供选择。

⑧ 装置方式：面板式、插装式。

⑨ 触点容量：28V DC 5A（阻性）；250V AC 3A。

⑩ 最大计数速度：30 次/s。

⑪ 最小计数脉宽：15ms。

⑫ 显示器件：采用大规模集成电路，LED 数字显示，可靠性强。

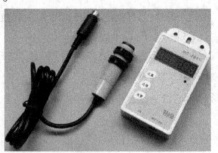

图 3-4 红外计数器

3）结构及原理：常用电子式计数器的检测方式采用红外线遮光方式。其常见外形如图 3-4 所示。其特点是：抗干扰能力强，工作性能稳定可靠，计数范围广，高亮度数码显示等。在日常生活及生产科研中有着非常广泛的用途，可广泛应用于包装、印刷、制药、食品、纺织、造纸、陶瓷、石油、化工、冶金等行业作计数、流量等控制。

① 红外计数器的电路组成：由光电输入电路、脉冲形成电路和计数与显示电路等组成。

② 红外计数器的工作原理：利用被检测物对光束的遮挡或反射，检测物体的有无，所有能遮挡或反射光线的物体均可被检测。红外计数器的工作原理框图如图 3-5 所示。

图 3-5 红外计数器的工作原理框图

③ 电源电路：如图 3-6 所示，220V 交流电源经过变压器降压为 12V，再经过桥式整流电路整流、电容 C_1 滤波，成为约 14V 的直流电；再经三端稳压集成电路 LM7805 稳压形成 5V 稳定直流电，作为光电输入电路、脉冲形成电路和计数与显示电路的工作电源。

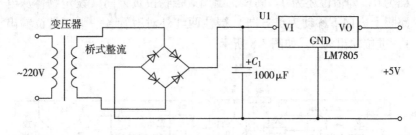

图 3-6　电源电路

④ 光电输入电路：红外对射管将输入电流在发射器上转换为光信号射出，接收器再根据接收到的光线的强弱或有无对目标物体进行探测。每当物件通过红外对射管中间一次，红外光被遮挡一次，光电接收管的输出电压发生一次变化，这个变化的电压信号经过 9014 的放大并向计数脉冲形成电路输送信号，如图 3-7 所示。

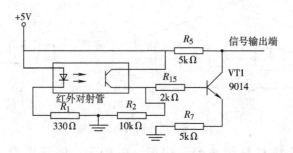

图 3-7　红外对射管的工作原理

当用遮挡物按正方向（设定物体从电路板下方向上移动为正方向）先挡住两红外对射管中下面一次，下方的 VT2 输出高电平，经过两个非门给 C_2（0.01μF）充电，VT1 输出为低电平，使 U7A 输入端为 0 和 1，输出为 1，再经一个与非门后输出为 0，即借位为 0。当用遮挡物按正方向再挡住两红外线开关中上面一次，上方的 VT1

输出高电平，经过两个非门给 C_1（0.01μF）充电，此时 VT2
（9014）集电极为高电平，使 U5A 两输入端为 0 和 1，输出为 0，再
经一个与非门后输出为 1，即进位为 1。上方的 VT1 输出高电平时，
C_2 放电使 U7A 输入端仍为 0 和 1，输出为 1，再经一个与非门后输
出为 0，即借位还为 0。同理，当用遮挡物按负方向（设定物体从电
路板上方向下移动为负方向）挡住两红外对射管各一下，借位输出
1，进位输出为 0，如图 3-8 所示。

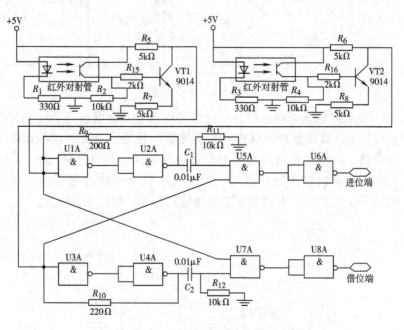

图 3-8　红外输入电路原理

⑤ 计数与显示电路：如图 3-9 所示，译码电路采用两块
CD40110 分别组成 BCD 七段译码器，驱动 LED 数码显示器。
CD40110 计数集成电路能完成十进制的加法、减法、进位、借位等
计数功能，并能直接驱动小型 LED 数码管。CR 为清零端，CR = 1
时，计数器复位；CP 为时钟端（CPU 为加法计数器时钟，CPD 为减
法计数器时钟）；QC 输出进位脉冲，QB 输出借位脉冲；$\overline{CT}$ 为触发
器使能端，$\overline{CT}$ = 0 时计数器工作，$\overline{CT}$ = 1 时计数器处于禁止状态。

七段数码显示器件为小型 LED 共阴极数码管，CD40110 与数码管配合使用可直接显示计数结果。

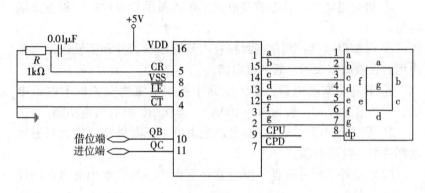

图 3-9　计数与显示电路

二、继电器的原理与应用

继电器是一种电子控制器件，它具有输入回路和输出回路，通常应用于自动控制电路中，它实际上是用较小的电流去控制较大电流的一种"自动开关"。故在电路中起着自动调节、安全保护、转换电路等作用。

1. 继电器的分类

继电器的分类方法较多，可以按作用原理、外形尺寸、防护特征、触点容量、用途等分类。

（1）按作用原理分类

1）电磁继电器。在输入电路内电流的作用下，由机械部件的相对运动产生预定响应的一种继电器。它包括直流电磁继电器、交流电磁继电器、磁保持继电器、极化继电器、舌簧继电器、节能功率继电器等。

① 直流电磁继电器：输入电路中的控制电流为直流的电磁继电器。

② 交流电磁继电器：输入电路中的控制电流为交流的电磁继电器。

③ 磁保持继电器：将磁钢引入磁回路，继电器线圈断电后，继电器的衔铁仍能保持在线圈通电时的状态，具有两个稳定状态。

④ 极化继电器：状态改变取决于输入激励量极性的一种直流继电器。

⑤ 舌簧继电器：利用密封在管内具有触点簧片和衔铁磁路双重作用的舌簧动作来通、断的继电器。

⑥ 节能功率继电器：输入电路中控制电流为交流的电磁继电器，它的电流大（一般为 30 ~ 100A），体积小，具有节电功能。

2）固态继电器。输入/输出功能由电子元器件完成而无机械运动部件的一种继电器。

（2）按外形尺寸分类　继电器外形大小各异，常用继电器的外形尺寸见表 3-1。

表 3-1　常用继电器的外形尺寸

名　称	外形尺寸
微型继电器	最长边尺寸不大于 10mm
超小型继电器	最长边尺寸大于 10mm，但不大于 25mm
小型继电器	最长边尺寸大于 25mm，但不大于 50mm

（3）按触点容量分类　继电器触点可通过的电流大小不同，常用继电器的触点容量见表 3-2。

表 3-2　常用继电器的触点容量

名　称	触点容量
微功率继电器	小于 0.2A
弱功率继电器	0.2 ~ 2A
中功率继电器	2 ~ 10A
大功率继电器	10A 以上
节能功率继电器	20 ~ 100A

（4）按防护特征分类　继电器的外部环境也非常重要，所以可以根据不同外部环境选择不同的防护特征的继电器，见表 3-3。

表 3-3 继电器的防护特征

名　称	防护特征
密封继电器	采用焊接或其他方法，将触点和线圈等密封在金属罩内，其泄漏率较低
塑封继电器	采用封胶的方法，将触点和线圈等密封在塑料罩内，其泄漏率较高
防尘罩继电器	用罩壳将触点和线圈等封闭加以防护
敞开继电器	不用防护罩来保护触点和线圈

（5）按用途分类　继电器还可以根据实际需要在特定的场合使用专用的继电器，见表 3-4。

表 3-4 继电器的用途

名　称	特　点
通信继电器	该类继电器（包括高频继电器）触点负载范围从低电流到中等电流，环境使用条件要求不高
机床继电器	机床中使用的继电器，触点容量大，寿命长
家电用继电器	家用电器中使用的继电器，要求安全性能好
汽车继电器	汽车中使用的继电器，该类继电器切换负载功率大，抗冲、抗振性高
安全继电器	用于实现安全功能的继电器。主要的产品以皮尔磁为代表的用于安全控制的系列产品

2. 小型通用继电器

小型通用继电器适用于电气电子控制设备，常用于家用电器、办公自动化、试验、保安（密）、通信设备、机床、建筑设备、仪器仪表等场合。可作为遥控、中间转换或放大元件，其引出端子适用于印制板（PCB）电路安装使用，端子间距和外形尺寸已标准化、系列化、国际通用。

JQX 系列小型通用继电器具有体积小，通断负载电流大，使用寿命长等特点，可用于各种控制通信设备及继电器保护设备中作为切换交、直流电路信号使用，也可用于各种电子设备、通信设备、电子计算机控制设备中，作切换电路及扩大控制范围之用。其常见外形如图 3-10 所示。

图 3-10　JQX 系列小型通用继电器

小型通用继电器一般由铁心、线圈、衔铁、触点簧片等组成的。只要在线圈两端加上一定的电压，线圈中就会流过一定的电流，从而产生电磁效应，衔铁就会在电磁力吸引的作用下克服返回弹簧的拉力吸向铁心，从而带动衔铁的动触点与静触点（常开触点）吸合。当线圈断电后，电磁的吸力也随之消失，衔铁就会在弹簧的反作用力作用下返回原来的位置，使动触点与原来的静触点（常闭触点）吸合。这样吸合、释放，从而达到了在电路中的导通、切断的目的。

3. 固态继电器

固态继电器是一种全部由固态电子元器件组成的新型无触点开关器件，它利用电子元器件（如开关晶体管、双向晶闸管等半导体器件）的开关特性，可达到无触点无火花地接通和断开电路的目的，因此又被称为"无触点开关"，它问世于 20 世纪 70 年代，由于它的无触点工作特性，使其在许多领域的电控及计算机控制方面得到日益广范的应用。其常见外形如图 3-11 所示。

（1）固态继电器的结构及原理　按使用场合可以分成交流型和直流型两大类，它们分别在交流或直流电源上作为负载开关，不能混用。

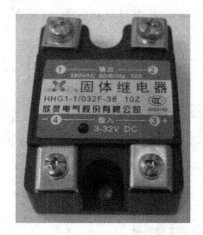

图 3-11　固态继电器

1）交流固态继电器（过零型）的工作原理。固态继电器由输入电路、隔离（耦合）电路和输出电路组成。如图 3-12 所示，在输入电路控制端加入信号后，IC1 光耦合器（简称光耦）内部光敏晶体管呈导通状态，串接电阻 R_1 对输入信号进行限流，以保证光耦合器不会损坏。LED 发光二极管用于指示输入端控制信号，VD1 可防止输入信号正负极性接反时用于保护光耦合器 IC1。晶体管 V1 在电路中起到交流电压检测的作用，使固态继电器在电压过零时开启，在负载电流过零时关断。当 IC1 中光敏晶体管截止时（控制端无信号输入时），V1 通过 R_2 获得基极电流使之饱和导通，从而使晶闸管 SCR 门极触发电压 U_{GT} 被钳在低电位而处于关断状态，最终导致双向晶闸管 BTA 在门极控制端 R_6 上无触发脉冲而处于关断状态。当 IC1 中光敏晶体管导通时（控制端有信号输入时），晶闸管 SCR 的工作状态由交流电压零点检测晶体管 V1 来确定其工作状态。如电源电压经 R_2 与 R_3 分压，A 处电压大于过零电压时（$U_A > U_{BE1}$），V1 处饱和导通状态，SCR、BTA 都处于关断状态；如电源电压经 R_2 与 R_3 分压，A 处电压小于过零电压时（$U_A > U_{BE1}$）V1 处截止状态，SCR 通过 R_4 获得触发信号而导通，从而使 BTA 在 R_6 上也获得触发信号后呈导通状态，对负载电源进行关断控制。如此时控制端信号关断后，负载电流也随之减小至 BTA 的维持电流 I_h 时可自行关断，切断负载电源。

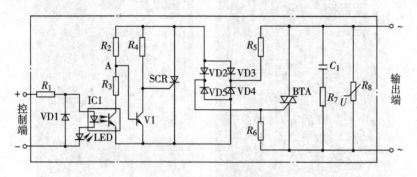

图 3-12　交流固态继电器

交流过零型固态继电器，因其电压过零时开启，负载电流过零时关断的特性，它的最大接通、关断时间是半个电源周期，在负载上可得到一个完整的正弦波形，也相应减少了对负载的冲击，而在相应的控制电路中产生的射频干扰也大大减少，因此在工控领域中得到广泛应用。

2）直流固态继电器的工作原理。如图 3-13 所示，在输入控制电路中电阻 R_1 串接在光耦合器 IC1 输入端，它的作用是对发光二极管进行限流保护，发光二极管 LED 对输入控制信号给予指示，VD1 对输入端的反偏电压进行保护。当控制端无信号输入时，光耦合器

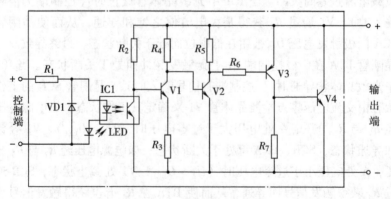

图 3-13　直流固态继电器

IC1 中的光敏晶体管呈截止高阻状态，V1 通过 R_2 获得其基极电流使之饱和导通，从而导致晶体管 V2、V3、V4 均处在截止状态，使其固态继电器呈关断状态。当控制端有信号输入时，IC1 中光敏晶体管导通，使 V1 呈截止状态，从而使 V2、V3、V4 导通使其固态继电器呈接通状态，并将电源加至负载上，直流固态继电器的输出端因输入端信号的加入而导通，因输入信号的消失而关断。

大功率低电压的直流固态继电器的输出开关普遍采用功率场效应晶体管来替代功率晶体管，以此来降低输入功率。

直流固态继电器与交流固态继电器相比，无过零控制电路，也不必设置吸收电路，开关器件一般用大功率开关晶体管，其他工作原理相同。

在使用直流固态继电器时应注意：

① 负载为感性时，如直流电磁阀或电磁铁，应在负载两端并联二极管，极性如图 3-13 所示，二极管的电流应等于工作电流，电压应大于工作电压的 4 倍。

② 固态继电器工作时应尽量靠近负载，其输出引线应满足负荷电流的需要。

③ 使用的电源经交流电整流所得，其滤波电解电容应足够大。

（2）固态继电器的特点　它成功地实现了弱电信号对强电（输出端负载电压）的控制。由于光耦合器的应用，使控制信号所需功率极低（约十毫瓦就可正常工作），而且弱电信号所需的工作电平与 TTL、HTL、CMOS 等常用集成电路兼容，可以实现直接连接。这使固态继电器在数控和自控设备等方面得到广泛应用。在相当程度上可取代传统的线圈—簧片触点式继电器。

固态继电器由于是由全固态电子元件组成的，它没有任何可动的机械部件，工作中也没有任何机械动作；固态继电器由电路的工作状态变换实现"通"和"断"的开关功能，没有电接触点，所以它有一系列线圈—簧片触点式继电器不具备的优点，即工作高可靠、长寿命、无动作噪声、耐振耐机械冲击、安装位置无限制、很容易用绝缘防水材料灌封做成全密封形式，而且具有良好的防潮、防霉、防腐性能，在防爆和防止臭氧污染方面的性能也极佳。

95

交流固态继电器由于采用过零触发技术，因而可以使固态继电器安全地用在计算机输出接口上，不必为在接口上采用线圈—簧片触点式继电器而产生的一系列对计算机的干扰而烦恼。此外，固态继电器还有能承受在数值上可达额定电流10倍左右的浪涌电流的特点。

（3）固态继电器的特性参数与选用方法　固态继电器的特性参数包括输入和输出参数等项目较多，现对主要几个参数说明如下：

1）额定输入电压。它是指在额定条件下能承受的稳态阻性负载的最大允许电压有效值。如果受控负载是非稳态或非阻性的，必须考虑所选产品是否能承受工作状态或条件变化时（冷热转换、静动转换、感应电动势、瞬态峰值电压、变化周期等）所产生的最大合成电压。例如，负载为感性时，所选额定输出电压必须大于两倍电源电压值，而且所选产品的阻断（击穿）电压应高于负载电源电压峰值的两倍。

如在电源电压为交流220V、一般的小功率非阻性负载的情况下，应选用额定电压为400～600V的固态继电器产品；但对于频繁起动的单相或三相电动机负载，应选用额定电压为660～800V的固态继电器产品。

2）额定输出电流和浪涌电流。额定输出电流是指在给定条件下（环境温度、额定电压、功率因数、有无散热器等）所能承受的最大电流的有效值。如周围温度上升，应按曲线作降额使用。浪涌电流是指在给定条件下（室温、额定电压、额定电流和持续的时间等）不会造成永久性损坏所允许的最大非重复性峰值电流。交流继电器的浪涌电流为额定电流的5～10倍（一个周期），直流产品为额定电流的1.5～5倍（1s）。

3）选用方法。在选用时，如负载为稳态阻性，固态继电器可全额或降额10%使用。对于电加热器、接触器等，初始接通瞬间出现的浪涌电流可达3倍的稳态电流，因此，固态继电器降额20%～30%使用。对于白炽灯类负载，固态继电器应按降额50%使用，并且还应加上适当的保护电路。对于变压器负载，所选产品的额定电流必须高于负载工作电流的两倍。对于感应电动机负载，所选固态继电器的额定电流值应为电动机运转电流的 2~4 倍，固态继电器的浪涌电流值应为额定电流的 10 倍。

固态继电器对温度的敏感性很强，工作温度超过标称值后，必须降热或外加散热器，例如额定电流为 10A 的 JGX—10F 型固态继电器，不加散热器时的允许工作电流只有 10A。

第二节　三相笼型异步电动机的起动控制电路

在工业生产中，多以电力为原动力，用电动机拖动生产机械使之运转的方法称为电力拖动。电力拖动是由电动机、控制和保护设备、生产机械及传动装置等部分组成。

（1）电动机　电动机是电力拖动的原动机，交流电动机具有结构简单、制造方便、维修容易、价格便宜等优点，所以使用较为广泛，如工厂企业中大量使用的各种机床、风机、机械泵、压缩机等。

（2）控制和保护设备　控制设备是控制电动机运转的设备，控制设备是由各种控制电器（如开关、熔断器、接触器、继电器、按钮等）按照一定要求和规定组成的控制电路和设备，用于控制电动机的运行，即控制电动机的起动、正转、反转、调速和制动。保护设备是保护控制电路和电动机实现过载、过电流、欠电压和短路等作用（如低压断路器、热继电器、电流继电器等）。

（3）生产机械及传动装置　生产机械是直接进行生产的机械设备，生产机械是电动机的负载。传动装置是电动机与生产机械之间的传动机械，用于传递动力，如减速箱、传动带、联轴器等。不同的生产机械对传动装置的要求也不同。因此，选用合理的传动装置，可使生产机械达到理想的工作状态。

任何复杂的控制电路是由一些比较简单的、基本的控制电路或基本环节所组成。所以，熟悉和掌握这些控制电路是分析和维修电气线路的有力工具。

三相笼型异步电动机有全压起动和减压起动两种方式。起动时，其定子绕组上的电压为电源额定电压的，属于全压起动，也称直接起动。对于较大容量的电动机起动控制时，一般采用减压起动。

全压起动控制电路简单、电气设备少，是一类最简单、经济的起动方法。只要电网的容量允许，应尽量采用此种方法。但全压起动时电流较大，可达电动机额定电流的 4 ~ 7 倍，会使电网电压显著降低，影响在同一电网工作的其他设备的稳定运行，甚至使其他电动机停转或无法起动。

减压起动的主要目的是减小起动电流，避免起动瞬间电网电压的显著下降。

判断一台三相异步电动机能否直接起动通常由式（3-1）来确定，若满足此条件或电动机容量较小时，可全压起动；若电动机容量在 10kW 以上或不满足式（3-1）时，则应采用减压起动。

$$\frac{I_{st}}{I_N} \leq \frac{3}{4} + \frac{S}{4P_N} \tag{3-1}$$

式中　I_{st}——电动机起动电流（A）；

　　　I_N——电动机额定电流（A）；

　　　S——电源容量（kV·A）；

　　　P_N——电动机额定功率（kW）。

减压起动时降低加在电动机定子绕组上的电压，待电动机起动后，再将电压恢复到额定值，使电动机在额定电压下运行。常用的减压起动方式有：串电阻（或电抗器）减压、Y-△减压、自耦变压器减压、延边三角形减压等。

一、串电阻减压起动控制电路

1. 定子绕组串电阻减压起动

图 3-14 中，KM1 为接通电源接触器，KM2 为短接电阻接触器，R 为减压起动电阻。电动机起动时在三相定子绕组中串入电阻，使定子绕组上的电压降低，起动结束后再将电阻短接，电动机全压运行。

电路工作原理如下：合上电源开关 QS，按下起动按钮 SB2，接触器 KM1 通电并自锁，时间继电器 KT 通电，电动机定子串入电阻 R 减压起动。经一段时间后，KT 的常开触头延时闭合，接触器 KM2 通电，三对主触头将电阻 R 短接，电动机全电压运行。

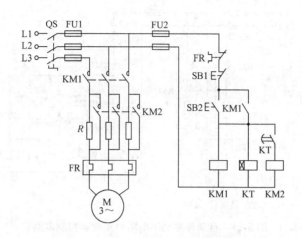

图 3-14 定子绕组串电阻减压起动电路

注意：KT 的延时时间应根据电动机的起动要求来调整。

起动电阻 R 一般选用 ZX1、ZX2 系列铸铁电阻，铸铁电阻能通过较大电流，且功率较大。起动电阻 R 可按下列经验公式确定：

$$R = 190 \times \frac{I_{st} - I'_{st}}{I_{st} I'_{st}} \tag{3-2}$$

式中　I_{st}——未串电阻前的起动电流（A），一般取 $I_{st} = (4 \sim 7) I_N (I_N$ 为电动机额定电流）；

I'_{st}——串电阻后的起动电流（A），一般取 $I'_{st} = (2 \sim 3) I_N$；

R——电动机每相应串接的起动电阻值（Ω）。

电阻功率可用公式 $P = I_N^2 R$ 计算。由于起动电阻 R 仅在起动过程中接入，且起动时间很短，所以实际选用的电阻功率约为计算值的 $1/5 \sim 1/4$。

2. 自动与手动控制定子绕组串电阻的减压起动

图 3-15 是在图 3-14 的基础上增加了一只开关 SA，其手柄有两个位置，当手柄置于 M 位置时为手动控制，当手柄置于 A 位置时为自动控制；另外增加了按钮 SB3，用于完成电动机进入全压运行的升压控制；在控制回路中设置了 KM2 自锁触头与联锁触头，从而提高了电路的可靠性。

99

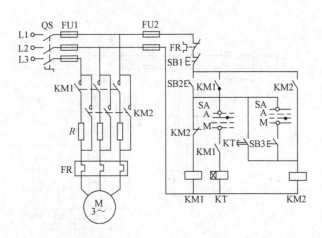

图 3-15　自动与手动串电阻减压起动控制电路

电路工作原理如下：

（1）自动控制电动机起动时，将开关 SA 的手柄置于 A 位置　按下起动按钮 SB2，KM1 线圈通电并自锁，主触头闭合，电动机串电阻减压起动；KM1 的辅助常开触头闭合，KT 线圈通电，经过延时后，其延时触头闭合，KM2 线圈通电并自锁，主触头闭合，将 KM1 主触头和电阻 R 短接后，电动机进入全压运行，从而实现了定子绕组串电阻减压起动的自动控制。

（2）手动控制电动机起动时，将开关 SA 的手柄置于 M 位置　按下起动按钮 SB2，KM1 线圈通电并自锁，主触头闭合，使电动机串电阻减压起动；当其转速接近稳定转速时，则按下按钮 SB3，KM2 线圈通电并自锁，将 KM1 主触头和电阻 R 短接后，电动机进入全压运行，从而实现了定子回路串电阻减压起动的手动控制。

定子绕组串电阻减压起动的方法具有结构简单、起动平稳且运行可靠的优点，但该方式仅适于空载起动或轻载起动的场合。另外，因使用起动电阻，将使控制柜体积增大、电能损耗增大，所以对于大容量电动机往往采用连接电抗器来实现减压起动。

二、丫-△减压起动控制电路

对于正常运行时定子绕组为"△联结"的三相笼型异步电动机，

可采用丫-△减压起动的方式，即电动机起动时，将定子绕组先连接为
丫联结（此时每相绕组承受的电压为全压起动的 $1/\sqrt{3}$，起动电流为
全压起动时电流的 1/3，起动转矩为全压起动时的 1/3）；待电动机
转速上升到一定值时，再将定子绕组转接为△联结，使电动机在全压
下运行。

丫-△减压起动方式，只适用于轻载或空载下的起动。常用的控制
电路有以下两种：

1. 两只接触器控制的丫-△减压起动

图 3-16 中，KM1 为电源接触器，KM2 为丫-△联结接触器。此图
常用于功率为 4~13kW 之间的三相笼型电动机的控制。

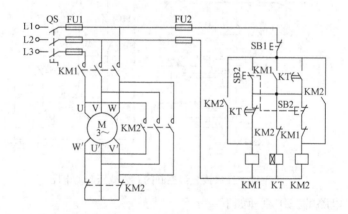

图 3-16 两只接触器控制的丫-△减压起动电路

电路工作原理如下：

起动时，按下按钮 SB2，其常闭触头先断开联锁接触器 KM2 的
线圈回路；SB2 的常开触头随即闭合，使接触器 KM1 的线圈通电，
KM1 的主触头闭合，将三相电源接入电动机的定子绕组，电动机丫
联结减压起动。同时，时间继电器 KT 的线圈也已通电，经过整定时
间的延时后，其常闭触头先断开，使接触器 KM1 的线圈断电，KM1
的主触头断开，电动机定子绕组断开丫联结；KM1 的辅助常闭触头
复位，此时 KT 的常开触头闭合，使接触器 KM2 的线圈通电并自锁。
由于 KM2 主触头的动作，使电动机的定子绕组由丫联结转为△联结，

并使接触器 KM1 的线圈再次通电，KM1 的主触头闭合，给电动机定子绕组接通电源，此时电动机△联结全压运行。

停止时，按下停止按钮 SB1，KM1、KM2 线圈断电，所有触头均复位，电动机停止运行。

2. 三只接触器控制的Y-△减压起动

图 3-17 中，KM1 为电源接触器，KM2 为△联结接触器，KM3 为 Y 联结接触器，KT 为通电延时时间继电器。当电动机功率大于 13kW 时，多采用此种电路。

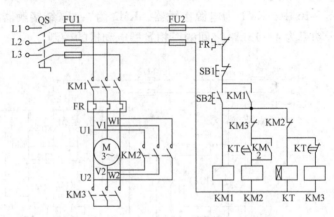

图 3-17　三只接触器控制的Y-△减压起动电路

电路的工作原理如下：

合上电源开关，按下按钮 SB2，接触器 KM1 线圈通电并自锁，使接触器 KM3 线圈也通电；KM1、KM3 的主触头闭合，电动机接成 Y 联结，接入三相电源减压起动。同时，时间继电器 KT 线圈通电，经过整定时间延时后，其常闭触头断开，接触器 KM3 线圈失电，其辅助常闭触头复位，为接触器 KM2 线圈通电做准备；KM3 主触头断开，使电动机断开 Y 联结；KT 的另一对常开触头闭合，接触器 KM2 线圈通电并自锁，KM2 主触头闭合，电动机接成△联结全压运行。

停止时，按下停止按钮 SB1 即可。上述电路中由时间继电器完成从 Y 联结起动到△联结运行的自动控制。

注意：时间继电器延迟动作时间的长短，可依电动机容量来决定，电动机容量大延迟时间长、容量小则延迟时间短。

3. 成形丫-△起动器

图 3-18 所示为 QJX2 系列成形丫-△起动器，适用于交流 50Hz（或 60Hz）、额定电压为 380V 时控制功率至 80kW 的三相笼型异步电动机，用于控制电动机定子绕组由星形联结至三角形联结的换接起动、运行及停止。若配装相应规格的热继电器后，可实现对电动机的过载及断相保护。

图 3-18　QJX2 系列成形丫-△起动器

三、自耦变压器减压起动控制电路

自耦变压器减压起动是利用三相自耦变压器将电动机在起动过程中的端电压降低，以达到减小起动电流的目的。

减压起动用的自耦变压器又称为起动补偿器。设自耦变压器的变压比为 k，则减压起动时，电动机定子电压为直接起动时的 $1/k$，定子电流也为直接起动时的 $1/k$，则变压器一次电流降为直接起动时的 $1/k^2$。由于电磁转矩与外加电压的平方成正比，故起动转矩也降低为直接起动时的 $1/k^2$。

自耦变压器二次侧有电源电压的 60%、80%、100% 等抽头，使用时可根据电动机起动转矩的要求具体选择。因能获得 42.3%、72.3% 及 100% 全压起动时的转矩，显然比丫-△减压起动时的 33% 的起动转矩要大得多，所以自耦变压器虽然价格较贵，但仍适用于容量较大的、不能用丫-△减压起动的异步电动机。

常用的自耦变压器减压起动控制电路有以下两种：

1. 两只接触器控制的自耦变压器减压起动

图 3-19 中，KM1 为减压接触器、KM2 为运行接触器、T 为三相自耦变压器。

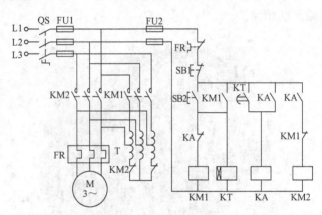

图 3-19　两只接触器控制的自耦变压器减压起动电路

电路的工作原理如下：

合上电源开关 QS，按下起动按钮 SB2，KM1 和 KT 线圈同时通电，KM1 辅助常开触头自锁；主触头闭合，将自耦变压器接入电动机的定子绕组；联锁触头断开 KM2 线圈回路。自耦变压器作星形联结，电动机由自耦变压器的二次侧供电实现减压起动。经整定时间延时后，继电器 KT 的常开触头闭合，使中间继电器 KA 的线圈通电并自锁，KA 的常闭触头断开，使 KM1 线圈失电，主触头断开，切除自耦变压器；辅助常闭触头复位，为 KM2 线圈的通电做好准备。KA 的常开触头闭合，使接触器 KM2 的线圈通电，其主触头闭合，电动机全压运行。

注意：此种电路在电动机起动过程中会出现二次涌流冲击，因此仅适用于不频繁起动，电动机功率在 30kW 以下的设备中。

2. 三只接触器控制的自耦变压器减压起动

图 3-20 中，转换开关 SA 有手动和自动两个位置；KM1、KM2

为减压接触器；KM3 为运行接触器；T 为三相自耦变压器。

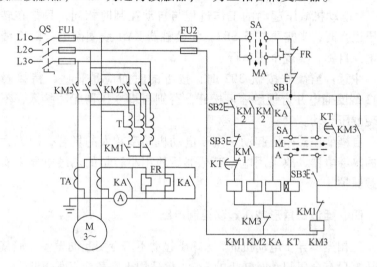

图 3-20　三只接触器控制的自耦变压器减压起动电路

电路的工作原理如下：

（1）自动控制　将开关 SA 置于自动控制位置 A 上，按下按钮 SB2，接触器 KM1 线圈通电，其主触头闭合，将自耦变压器作星形联结；KM1 辅助常闭触头断开，切断 KM3 线圈回路，实现联锁；KM1 辅助常开触头闭合，使接触器 KM2 线圈通电，KM2 辅助常开触头闭合，维持 KM1、KM2 线圈通电；KM2 主触头闭合，将三相电源接入自耦变压器的一次侧，电动机定子绕组经由自耦变压器二次侧实现减压起动。

因 KM2 辅助常开触头闭合，使中间继电器 KA 和时间继电器 KT 的线圈通电，KA 常开触头闭合，KA 和 KT 的线圈持续通电；KA 在主电路中的常开触头闭合，将电动机定子绕组的电流互感器二次侧中热继电器 FR 的热元件短接。

经过整定时间延时后，继电器 KT 的常闭触头断开，使接触器 KM1 线圈断电，KM1 常闭触头复位，为 KM3 线圈通电做准备；KM1 常开触头复位，使 KM2 线圈断电，由此电动机定子绕组断开了自耦变压器。时间继电器 KT 常开触头闭合使 KM3 线圈通电并自锁，KM3 主触头闭合，电动机全压运行。

105

（2）手动控制　将开关 SA 置于自动控制位置 M 上，按下按钮 SB2 后电动机减压起动的工作过程与自动控制时相同，只是在转入全压运行时，尚需再按下 SB3，使接触器 KM1 线圈断电，KM3 线圈通电并自锁，实现全压运行。

注意：当操作按钮 SB2 时，按下的时间应稍长些，待接触器 KM2 线圈通电并自锁后才可松开，否则自耦变压器无法接入，不能实现减压起动。

自耦变压器减压起动多用于电动机功率较大的场合，因无大容量的热继电器，故采用电流互感器后使用小容量的热继电器来实现过载保护。

四、延边三角形减压起动控制电路

三相笼型异步电动机的丫-△减压起动不需专用起动设备，但其起动转矩只有全压起动时转矩的 1/3，仅适用于空载或轻载下起动。而延边三角形减压起动是在既不增加专用起动设备，还可适当提高起动转矩的一种减压起动方法。

延边三角形减压起动，是在起动过程中将定子绕组的一部分△联结，而另一部分丫联结，使整个绕组成为延边三角形（△）联结，待起动结束后，再将绕组接成△联结的一种减压起动方法。所以，电动机每相绕组至少有 3 个抽头，其连接情况如图 3-21 所示。

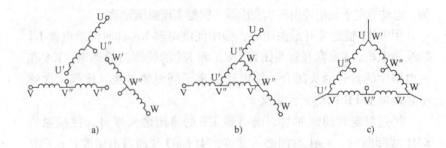

图 3-21　延边三角形电动机抽头的连接方式
a）初始状态　b）起动状态　c）运行状态

在三相电路中，当电动机定子绕组作△联结时，每相绕组承受的相电压要比三角形联结时低、比星形联结时高。因介于两者之间，所以每相绕组的电压在 220 ~ 380V 之间，而△ - △ 起动转矩大于丫 - △ 起动时的起动转矩。这样既降低了起动电压，又可提高起动转矩。

图 3-22 中，KM1 为△联结接触器，KM2 为电源接触器，KM3 为△联结接触器。

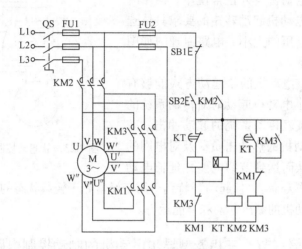

图 3-22   △ - △减压起动电路

电路的工作原理如下：

按下按钮 SB2，KM1、KM2、KT 线圈同时通电，KM1 的联锁触头断开，切断 KM3 线圈回路；KM1、KM2 的主触头闭合，将电动机接成△联结减压起动。经过整定时间延时之后，KT 的触头动作，其常闭触头断开，使接触器 KM1 线圈断电，电动机绕组断开△联结；KT 的常开触头闭合，KM3 线圈通电并自锁，其联锁触头断开，切断 KM1、KT 线圈回路，其主触头闭合，使电动机换接成△联结全压运行。

因为此种电动机制造工艺较复杂，且其控制系统的安装与接线也较繁琐。所以，延边三角形减压起动尚未被广泛应用。

107

五、软起动

软起动是利用软起动器（本书第七章中介绍）使电压从某一较低值逐渐上升至额定值，起动后再用旁路接触器使电动机投入正常使用。使用时要根据电动机起动转矩的要求具体选择起动电压的大小。电路原理图如图3-23 所示。

交流电动机的软起动方式能够有效地减小电动机起动时对传动系统的破坏，减轻传动系统的起动冲击，减小对电动机的热冲击负荷及对电网的影响，从而达到节约电能并延长电动

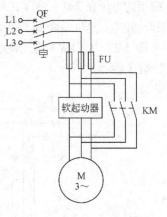

图 3-23　软起动控制电路

机的工作寿命。"软起动"特别适用于经常处于轻载状态的三相交流异步电动机的减压起动和节能运行。

第三节　三相笼型异步电动机的制动控制电路

电动机断开电源后，因惯性作用要经过一段时间后才会完全停止下来。对于某些生产机械的控制，这种情况是不适宜的，所以有时要对电动机进行制动。所谓制动，是指在切断电动机电源后使它迅速停转而采取的措施。

制动方式分为两种类型：机械制动和电气制动。

一、机械制动

机械制动是利用电磁铁操纵机械装置，迫使电动机在切断电源后迅速停转的方法，常用的有电磁抱闸制动和电磁离合器制动。

1. 电磁抱闸制动器制动

电磁抱闸制动器分为通电制动型和断电制动型两种。断电制动

型制动器在起重机械上被广泛采用，其优点是能够准确定位，同时可防止电动机突然断电时重物的自行坠落。

（1）电磁抱闸断电制动控制电路 控制电路如图3-24a所示。

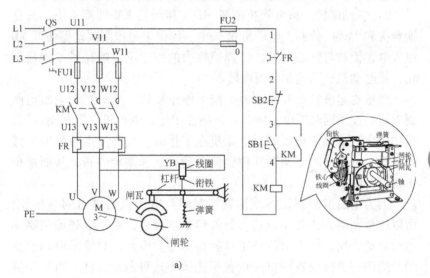

a)

b)

图3-24 电磁制动控制电路和机械制动器

a）电磁抱闸制动（MZD1系列断电制动型）控制电路 b）YWZ系列电力液压制动器

电路工作原理如下：先合上电源开关QS。

1）起动运转 按下起动按钮SB1，接触器KM线圈得电，其自锁触头和主触头闭合，电动机 M 接通电源，同时电磁抱闸制动器 YB 线圈得电，衔铁与铁心吸合，衔铁克服弹簧拉力，迫使制动杠杆向上移动，从而使制动器的闸瓦与闸轮分开，电动机正常运转。

2）制动停转　按下停止按钮 SB2，接触器 KM 线圈失电，其自锁触头和主触头分断，电动机 M 失电，同时电磁抱闸制动器线圈 YB 也失电，衔铁与铁心分开，在弹簧拉力的作用下，闸瓦紧紧抱住闸轮，使电动机被迅速制动而停转。

当重物起吊到需要高度时，按下停止按钮，电动机和电磁抱闸制动器的线圈同时断电，闸瓦立即抱住闸轮，电动机立即制动停转，重物随之被准确定位。如果电动机在工作时，线路发生故障而突然断电时，电磁抱闸制动器同样会使电动机迅速制动停转，从而避免重物自行坠落。

因为电磁抱闸制动器线圈耗电时间与电动机通电时间一样长，所以这种制动方法并不经济；另外切断电源后，由于电磁抱闸制动器的制动作用，使手动调整工件就很困难。因此，对要求电动机制动后能调整工件位置的机床设备不能采用这种制动方法，可采用通电制动控制电路。

目前推广采用的 YWZ 系列电力液压制动器，其常见外形如图 3-24b 所示。它是以单推杆 MYT 系列电力液压推动器作为驱动装置，主要用于起重运输、冶金、矿山、港口、建筑机械等制动装置，具有动特性好、起制动时间快、制动平稳、无噪声、安全可靠、维护简单、寿命长等优点。

（2）电磁抱闸通电制动控制电路　此种通电制动与上述断电制动方法稍有不同。当电动机得电运转时，电磁抱闸制动器线圈断电，闸瓦与闸轮分开，无制动作用；当电动机失电需停转时，电磁抱闸制动器的线圈得电，使闸瓦紧紧抱住闸轮制动；当电动机处于停转常态时，电磁抱闸制动器线圈也无电，闸瓦与闸轮分开，这样操作人员可以用手扳动主轴调整工件、对刀等。

2. 电磁离合器制动

电磁离合器制动的原理和电磁抱闸制动器的制动原理类似。有的机床设备和电动葫芦的绳轮采用这种制动方法。断电制动型电磁离合器的基本结构如图 3-25 所示。

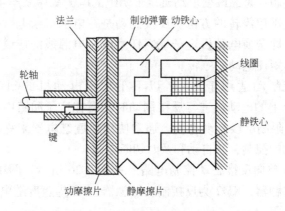

图 3-25　电磁离合器（断电制动型）的基本结构

（1）基本结构　电磁铁的静铁心靠导向轴（图中未画出）连接在电动葫芦本体上，动铁心与静摩擦片固定在一起，并只能作轴向移动而不能绕轴转动。动摩擦片通过连接法兰与绳轮轴（与电动机共轴）由键固定在一起，可随电动机一起转动。

（2）制动原理　电动机静止时，线圈无电，制动弹簧将静摩擦片紧紧地压在动摩擦片上，此时电动机通过轮轴被制动。当电动机通电运转时，线圈也同样得电，电磁铁的动铁心被静铁心吸合，使静摩擦片与动摩擦片分开，动摩擦片连同轮轴在电动机的带动下正常起动运转。当电动机切断电源时，线圈也同时失电，制动弹簧立即将静摩擦片连同动铁心推向转动着的动摩擦片，因弹簧张力迫使动、静摩擦片间产生较大的摩擦力，使电动机断电后立即受制动停转。

二、电气制动

电气制动是在电动机停转时利用电气原理产生一个与实际转动方向相反的转矩来迫使电动机迅速停转的方法。电气制动的方法有反接制动、能耗制动、电容制动和发电制动等，本节主要介绍常用的反接制动和能耗制动。

1. 反接制动

反接制动是靠改变电动机定子绕组的电源相序来产生制动力矩，使电动机迅速停转的方法。反接制动是在电动机断电时，接入反相序电源，即交换电动机定子绕组任意两相电源线的接线顺序，以产生制动转矩使电动机停转。

反接制动适用于 10kW 以下小功率电动机的制动，并且对 4.5kW 以上的电动机进行反接制动时，需在定子回路中串入限流电阻 R，以限制反接制动电流。通常使用速度继电器来完成对电动机转速变化的控制，并自动和及时切断电源。

（1）单向反接制动控制电路　如图 3-26 所示，图中 KM1 为单向运转接触器，KM2 为反接制动接触器，KS 为速度继电器，R 为反接制动电阻。

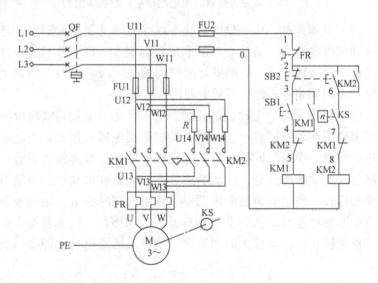

图 3-26　单向运行反接制动电路图

电路的工作原理如下：

起动时，合上电源断路器 QF，按下起动按钮 SB1，接触器 KM1 线圈通电并自锁，KM1 常闭触头断开，切断 KM2 线圈回路；同时 KM1 主触头闭合，电动机通电后旋转。当电动机转速上升到

120r/min以上时，速度继电器 KS 的常开触头闭合，为制动做好准备。

停车时，按下停止按钮 SB2，接触器 KM1 线圈断电，KM1 主触头断开，电动机断开电源，但依然惯性旋转，所以速度继电器 KS 的常开触头依然闭合，此时由于 KM2 触头闭合以及 KM1 的常闭触头的复位，使 KM2 线圈通电并自锁，其主触头闭合，接入反向电源，定子绕组串接制动电阻开始制动。电动机转速迅速下降，当接近于100r/min 时，KS 的常开触头复位，使 KM2 线圈断电，其主触头断开，电动机及时脱离电源迅速停车，制动结束。

注意：当操作按钮 SB2 时，应一按到底，否则反接制动无法实现。当电动机转速接近零时，需立即切断电源以防电动机反转。

（2）双向运行的反接制动控制电路 图 3-27 中，KM1、KM2 为双向运行接触器，KM3 为短接电阻的接触器，R 为反接制动电阻；KS-1 为正转闭合时速度继电器的常开触头，KS-2 为反转闭合时的常开触头。

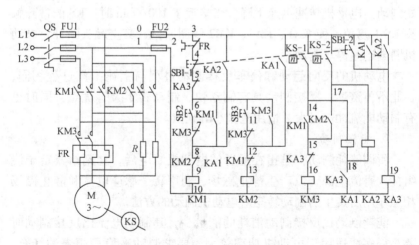

图 3-27 双向运行反接制动控制电路

电路的工作原理如下：

正转起动时，合上电源开关 QS，按下正转起动按钮 SB2，接触器 KM1 线圈通电并自锁，KM1 辅助常闭触头（12－13）断开，切断接触器 KM2 线圈电路；KM1 主触头闭合，使电动机定子绕组经两相电阻 R 接通正向电源，电动机开始减压正向起动。当电动机转速上升到 120r/min 以上时，速度继电器 KS 的正转常开触头 KS-1 闭合，为制动做好准备，同时使接触器 KM3 的线圈通过 KS-1、KM1（14–15）通电工作，KM3 主触头闭合，于是电阻 R 被短接，电动机全压正转运行。

制动时，按下停止按钮 SB1-1，使接触器 KM1、KM3 线圈相继断电，KM1 主触头断开，电动机断开正向电源惯性旋转，速度继电器 KS-1 触头依然闭合；KM3 主触头断开，电动机定子绕组接入制动电阻 R。

此时由于 SB1-2 常开触头（3–19）闭合使 KA3 线圈通电，KA3 常闭触头（15–16）断开，切断 KM3 的线圈回路；KA3 的常开触头（10–18）闭合，使 KA1 线圈通电，其自锁触头闭合，KA3 线圈通电持续通电；其常开触头（3–12）闭合，使接触器 KM2 线圈通电，KM2 主触头闭合，电动机接入反向电源，定子绕组串接制动电阻开始制动。电动机转速迅速下降，当接近于 100r/min 时，KS 的常开触头 KS-1 复位，使 KA1、KA3、KM2 线圈断电，其主触头断开，电动机断电迅速停车制动。

电动机的反向起动和停车反接制动过程与上述工作过程相同，在此不再赘述。反接制动具有制动快、制动转矩大等优点，同时也有制动电流冲击过大、适用范围小等缺点。

2. 能耗制动

所谓能耗制动，是指在运行的电动机断电后，立刻给其定子绕组接入直流电源，以产生静止磁场，利用转子感应电流和静止磁场相互作用所产生的制动转矩对电动机制动的方法。

能耗制动比反接制动消耗的能量少，其制动电流比反接制动时要小得多，适用于电动机功率较大、要求制动平稳和频繁的场合，但能耗制动需要直流电源。

（1）时间继电器控制的单向能耗制动 图 3-28 中，KM1 为单向运行接触器，KM2 为能耗制动接触器，TC 为整流变压器，VC 为桥式整流器。

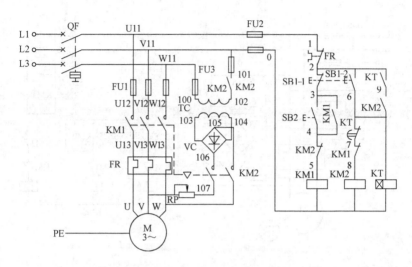

图 3-28 时间继电器控制的单向能耗制动电路

电路的工作原理如下：

当电动机正常运行时，若按下停止按钮 SB1-1，其常闭触头断开，切断接触器 KM1 线圈电路，电动机断电后惯性旋转。与此同时，按钮 SB1-2 常开触头闭合，使时间继电器 KT 和接触器 KM2 线圈通电并自锁，KM2 主触头闭合，将两相定子绕组接入桥式整流器 VC 的电路，进行能耗制动。电动机转速迅速下降，当转速接近零时，时间继电器 KT 的整定时间到，其常闭触头断开使 KM2 和 KT 的线圈断电，制动过程结束。

（2）速度继电器控制的双向能耗制动 图 3-29 中，KM1、KM2 为双向运行接触器，KM3 为能耗制动接触器。

电路的工作原理如下：

电动机作正向运行时，若需停车，可按下停止按钮 SB1，其常闭触头 SB1-1 断开，使接触器 KM1 线圈断电，电动机断电后惯性旋转，KS-1 常开触头仍然闭合，同时因 SB1-2 触头闭合，使接触器线圈通电，KM3 主触头闭合，使直流电源加到定子绕组，电动机进行正向能耗制动，转子正向转速迅速下降。当降至 100r/min 时，速度继电器正转闭合的常开触头 KS-1 断开，KM3 线圈断电，主触头断

115

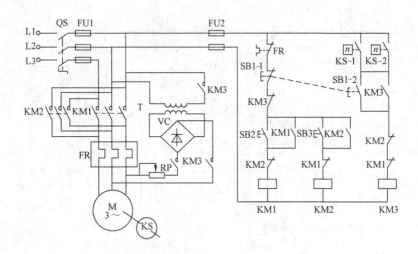

图 3-29　速度继电器控制的双向能耗制动电路

开，定子绕组脱离直流电源，能耗制动结束。反向起动与反向能耗制动过程和上述正向情况相同。

（3）单管能耗制动控制电路　上述两种能耗制动控制电路均需用直流电源，由带变压器的桥式整流电路提供。为减少线路中的附加设备，对于功率较小（10kW 以下）且制动要求不高的电动机，可采用图 3-30 所示的无变压器单管能耗制动电路。图中 KM1 为运行接触器，KM2 为制动接触器，VD 为整流二极管，R 为限流电阻。

电路的工作原理如下：

当电动机正常运行时，若按下停止按钮 SB1，其触头 SB1-1 断开，KM1 线圈断电；SB1-2 闭合，接触器 KM2 和时间继电器 KT 的线圈通电工作，KM2 主触头闭合。此时，电动机定子绕组断电，随即又经 KM2 主触头接入无变压器的单管半波整流电路。两相交流电源经 KM2 主触头接到电动机两相定子绕组，并由另一相绕组经接触器 KM2 主触头、整流二极管 VD 和限流电阻 R 接到零线，构成整流回路。由于定子绕组上有直流电流通过，所以电动机进行能耗制动，当其转速接近零时，KT 延时整定时间到，KM2 和 KT 线圈相继断电，制动过程结束。

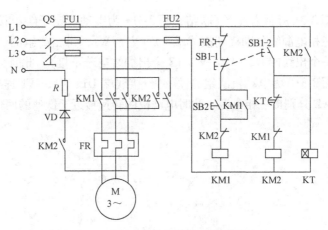

图 3-30　无变压器的单管能耗制动电路

第四节　多速异步电动机的控制电路

多速异步电动机可代替笨重的齿轮变速机构，满足只需几种特定转速的调速装置。因其成本低，控制简单，早先在实际生产中使用较为普遍。

由电机原理可知，三相笼型异步电动机的转速公式为

$$n = \frac{60f(1-s)}{p} \tag{3-3}$$

式中　s——转差率；

f——电源频率；

p——定子绕组的磁极对数。

由式（3-3）可知，若改变异步电动机的转速可通过 3 种方法来实现：一是改变电源频率 f；二是改变转差率 s；三是改变磁极对数 p。本节介绍通过改变磁极对数来实现电动机调速的控制。

一、双速异步电动机定子绕组的连接

双速电动机定子绕组的接线方式，常用以下两种：一种是绕组丫联结改接为丫丫联结；另一种是△联结改接为丫丫联结，这两种方式都能使电动机的磁极对数减少 1/2。

图 3-31 所示为△/丫丫联结，图 3-31a 为电动机定子绕组接成三角形，三相电源线分别接到接线端 U1、V1、W1，每相绕组的中点各接出的一个出线端 U2、V2、W2（3 个出线端空着不接），此时为低速运行；图 3-31b 为电动机绕组丫丫联结，接线端 U1、V1、W1 连接，U2、V2、W2 分别接三相电源，此时电动机的转速接近于低速的两倍。

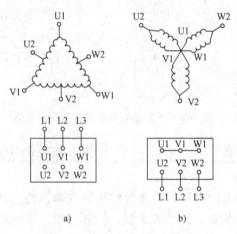

a)   b)

图 3-31   双速电动机定子绕组接线

a）低速△联结   b）高速丫丫联结

二、双速电动机的控制电路

1. 按钮手动控制电路

如图 3-32 所示，图中 KM1 为低速运行接触器，KM2 为高速运行接触器。

电路的工作原理如下：

合上电源开关 QS，按下低速按钮 SB2，接触器 KM1 线圈通电并自锁，KM1 辅助常闭触头断开，切断接触器 KM2、KM3 线圈电路；KM1 主触头闭合，使电动机定子绕组为三角形联结，电动机以低速起动并运行。

如需换为高速运行，可按下高速按钮 SB3，其常闭触头断开，KM1 线圈断电，主触头断开，使电动机的定子绕组断开三角形联结，同时 KM1 辅助常闭触头复位闭合，为 KM2、KM3 线圈通电做好准

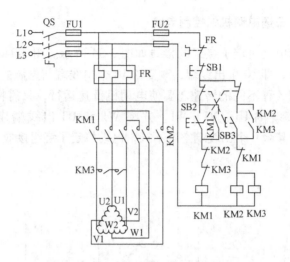

图 3-32 按钮手动控制的双速电动机电路

备。当 SB3 的常开触头闭合后，KM2、KM3 线圈通电，KM2、KM3 辅助常闭触头断开，联锁接触器 KM1 线圈电路；KM2、KM3 主触头闭合，使电动机定子绕组为双星形联结，电动机以高速起动并运行。

2. 时间继电器自动控制电路

有些场合需要电动机以低速起动，然后自动地转为高速运行，这个过程可以用时间继电器来控制，如图 3-33 所示。电路的工作原理读者可自行分析。

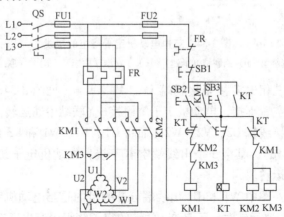

图 3-33 自动控制的双速电动机电路

三、三速电动机的控制电路

三速电动机定子绕组的接线如图 3-34 所示。图 3-34a 中定子绕组有两套，即 10 个出线端，改变这 10 个出线端与电源的连接方式，就可得到 3 种不同的转速。要使电动机低速运行，只需将三相电源线接至接线端 U1、V1、W1，并将 W1 和 U3 出线端连接（见图 3-34b），其余 6 个出线端空着不接，电动机定子绕组接成△联结低速运转。

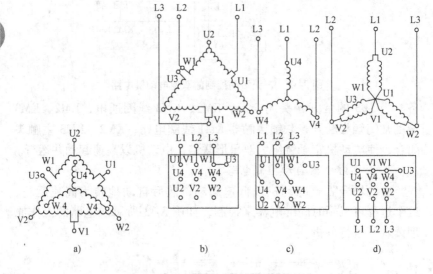

图 3-34　三速电动机定子绕组的接线

a）两套绕组　b）△联结（低速）　c）Ｙ联结（中速）　d）ＹＹ联结（高速）

若将三相电源接至接线端 U4、V4、W4（见图 3-34c），其余 7 个出线端空着不接，电动机定子绕组接成Ｙ联结中速运转。若将三相电源接至接线端 U2、V2、W2，而将 U1、V1、W1 和 U3 出线端连接（见图 3-34d），其余 3 个出线端空着不接，电动机定子绕组接为ＹＹ联结高速运转。

注意：图中 W1 和 U3 出线端分开的目的是当电动机定子绕组接为Ｙ联结中速运转时，不会在△联结的定子绕组中产生感应电流。

采用时间继电器自动控制的三速电动机控制电路如图3-35所示。电路的工作原理读者可自行分析。

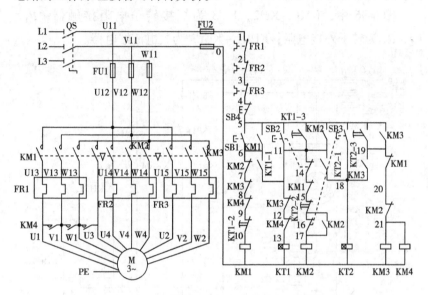

图 3-35 时间继电器自动控制的三速电动机的电路

第五节 绕线转子异步电动机的起动与调速控制电路

在生产中对于要求起动转矩较大且能平滑调速的场合，通常采用三相绕线转子异步电动机。对于绕线转子异步电动机的控制，可通过集电环在转子绕组电路中串接外加电阻或频敏变阻器，以达到减小起动电流和提高起动转矩的目的。

按起动过程中转子串接装置的不同，绕线转子异步电动机分为串电阻起动和串频敏变阻器起动两种方式。

一、转子绕组串电阻起动控制电路

串接在转子回路中的起动电阻，一般接成星形。起动时，起动电阻全部接入，起动过程中，起动电阻逐段被短接。短接电阻的方式有平衡短接法和不平衡短接法。凡用接触器控制时，采用平衡短

121

接法，即将每相起动电阻对称等阻值短接。

1. 电流继电器控制的串电阻起动控制

图 3-36 中，KM1、KM2、KM3 为短接转子电阻接触器；R_1、R_2、R_3 为转子外接电阻；KUC1 ~ KUC3 为欠电流继电器。

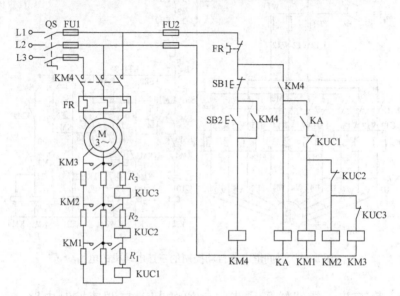

图 3-36　绕线转子异步电动机串电阻起动电路（一）

电路的工作原理如下：

合上电源开关 QS，按下按钮 SB2，接触器 KM4 线圈通电并自锁，其主触头闭合，将三相电源接入电动机定子绕组，转子串入 R_1、R_2、R_3 全部电阻起动；同时 KM4 辅助常开触头闭合，使中间继电器 KA 线圈通电，KA 常开触头全部闭合，为接触器 KM1、KM2、KM3 线圈的通电做好准备。由于刚起动时电动机转速很小，转子绕组电流很大，3 个欠电流继电器 KUC1 ~ KUC3 吸合电流一样，故同时吸合动作，常闭触头同时断开，使 KM1、KM2、KM3 线圈均处于断电状态，保证所有转子电阻都串入转子电路，达到限制起动电流和提高起动转矩的目的。

在起动过程中，随着电动机转速的升高，起动电流逐渐减小，而 3 个欠电流继电器的释放电流不同，KUC1 释放电流最大，KUC2 次之，KUC3 最小，所以，当起动电流减小到 KUC1 释放电流值时，KUC1 首先释放，其常闭触头复位闭合，使接触器 KM1 线圈通电，KM1 的主触头闭合，短接一段电阻 R_1；由于电阻被短接，转子电流增加，起动转矩增大，致使转速又加快上升，这又使得转子电流下降，当降低到 KUC2 的释放电流时，KUC2 接着释放，其常闭触头复位闭合，使接触器 KM2 线圈通电，KM2 主触头闭合，短接第二段转子电阻 R_2；随着电动机的转速不断增加，转子电流进一步减小，直至 KUC3 释放，接触器 KM3 线圈通电，KM3 主触头闭合，短接第三段转子电阻 R_3；至此，转子电阻全部被短接，电动机起动过程结束。

为保证电动机转子串入全部电阻起动，控制电路中设置了中间继电器 KA。当 KM4 线圈通电时，其常开触头闭合，使 KA 线圈通电，再使 KA 常开触头闭合，在这之前起动电流已到达电流继电器的吸合值并已动作，其常闭触头已将 KM1、KM2、KM3 线圈回路断开，确保转子电路串入，避免了电动机的直接起动。

2. 时间继电器控制的串电阻起动控制

图 3-37 中，KT1、KT2、KT3 为通电延时时间继电器。转子回路三段起动电阻的短接是靠 KT1、KT2、KT3 三个时间继电器和 KM1、

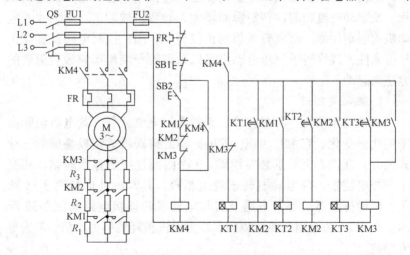

图 3-37　绕线转子电动机串电阻起动电路（二）

123

KM2、KM3 三个接触器的相互配合来完成的。

电路的工作原理如下：

按下按钮 SB2 后，接触器 KM4 的通电并自锁，其主触头闭合，电动机接通电源；KM4 常开触头闭合，使时间继电器 KT1 线圈通电，但其触头未动作，因此电动机转子串全部电阻起动。经过整定时间延时后，KT1 的常开触头延时闭合，KM1 线圈通电，KM1 主触头闭合，电阻 R_1 被短接；同时 KM1 的辅助常开触头闭合，使时间继电器 KT2 线圈通电，经过一段时间延时后，KT2 的常开触头闭合，KM2 线圈通电，KM2 主触头闭合，电阻 R_2 被短接；同时 KM2 的辅助常开触头闭合，使时间继电器 KT3 线圈通电，经过一段时间延时后，KT3 的常开触头闭合，KM3 线圈通电并自锁，KM3 主触头闭合，电阻 R_3 被短接，KM3 辅助常闭触头断开，使 KT1、KM1、KT2、KM2、KT3 的线圈依次断电，至此所有电阻被短接，电动机起动结束，进入正常运行。

二、转子绕组串频敏变阻器起动控制电路

采用转子绕组串电阻的起动方法，使用电器较多，控制电路复杂，起动电阻体积较大，特别是在起动过程中，起动电阻的逐段切除，使起动电流和起动转矩瞬间增大，导致机械冲击。为了改善电动机的起动性能，获取较理想的机械特性，简化控制电路及提高工作可靠性，绕线转子异步电动机可以采取转子绕组串频敏变阻器的方法来起动。

1. 频敏变阻器

频敏变阻器是一种静止的、无触头的电磁元件，其电阻值随频率变化而变化。它由几块 30 ~ 50mm 厚的铸铁板或钢板叠成的三柱式铁心，在铁心上分别装有线圈，3 个线圈连接成星形联结，相当于三相电抗器，与电动机转子绕组相接，其常见外形如图 3-38 所示。频敏变阻器的等效电路及其与电动机的连接电路如图 3-39 所示。图中 R_b 为绕组的直流电阻，R 为涡流损耗的等值电阻，X 为等值感抗。

BP1 系列频敏变阻器适用于 50Hz、三相交流绕线转子异步电动

图 3-38　BP1 系列频敏变阻器

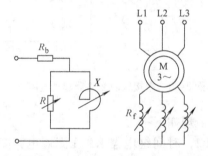

图 3-39　频敏变阻器等效电路及其与电动机的连接电路

机的轻载及重载做起动限流器件使用。例如：水泵、空压机、轧钢机、空气压缩机等，其型号含义表示如下：

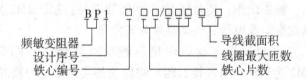

　　绕线转子异步电动机采用串接频敏变阻器可实现平滑无级的起动，常用于较大容量电动机的起动控制中。

2. 转子串频敏变阻器起动控制电路

（1）单向运行电动机串接频敏变阻器起动　图3-40中，R_f 为频敏变阻器，KM1 为电源接触器，KM2 为短接频敏变阻器的接触器。

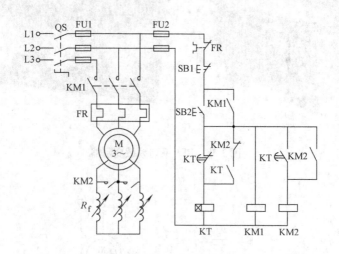

图3-40　串接频敏变阻器起动电路（一）

电路的工作原理如下：

按下按钮 SB2，时间继电器 KT 线圈通电，KT 瞬时触头闭合，接触器 KM1 线圈通电，KM1 辅助常开触头闭合，使 KT、KM1 线圈持续通电，KM1 主触头闭合，电动机定子绕组接通电源，转子接入频敏变阻器起动。随着电动机的转速平稳上升，频敏变阻器的阻抗逐渐自动下降，当转速上升到接近稳定转速时，时间继电器的延时时间已到，触头动作，接触器 KM2 线圈通电并自锁，KM2 主触头闭合，将频敏变阻器短接，电动机进入正常运行。

（2）正反向运行电动机串接频敏变阻器起动　图3-41中，KM1、KM2 为正反转电源接触器，KM3 为短接频敏变阻器的接触器，TA 为电流互感器，SA 为手动与自动选择开关。

电路的工作原理如下：

1）自动控制：当进行电动机起动的自动控制时，将选择开关

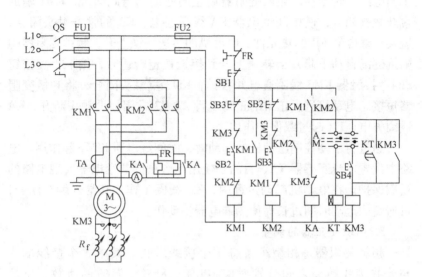

图 3-41　串接频敏变阻器起动电路（二）

SA 扳向 A 位置。合上电源开关 QS，按下起动按钮 SB2，接触器 KM1 线圈通电并自锁，KM1 主触头闭合，接通电动机定子绕组的正向电源，转子接入频敏变阻器后正向起动。与此同时，KM1 辅助常开触头闭合，使中间继电器 KA 和时间继电器 KT 线圈通电，KA 的常开触头闭合，短接热继电器 FR 的热元件。

随着电动机的转速平稳上升，频敏变阻器的阻抗逐渐自动下降，当转速上升到接近稳定转速时，时间继电器的延时时间已到，触头动作，接触器 KM3 线圈通电并自锁，KM3 主触头闭合，将频敏变阻器短接，电动机进入正常的正转运行。KM3 常闭辅助触头断开，KA 线圈失电。

反向起动控制与此相似，只是按下反向起动按钮 SB3，工作原理与上述过程相似。

2）手动控制：当进行电动机起动的手动控制时，将选择开关 SA 扳向 M 位置。合上电源开关 QS，按下正向起动按钮 SB2，接触器 KM1 线圈通电并自锁，KM1 主触头闭合，接通电动机定子绕组的正向电源，转子接入频敏变阻器后正向起动。与此同时，KM1 辅助常开触头闭合，使中间继电器 KA 线圈通电，KA 的常开触头闭合，短接热继电器 FR 的热元件。电动机的转速平稳上升，频敏变阻器的阻抗逐渐自动下降，当转速上升到接近稳定转速时，按下手控按钮 SB4，接触器 KM3 线圈通电并自锁，KM3 主触头闭合，将频敏变阻器短接，电动机进入正常的正转运行。KM3 常闭辅助触头断开，KA 线圈失电，FR 起过载保护作用。

当进行手动控制电动机的起动时，时间继电器 KT 不起作用。电路中设置电流互感器 TA，目的是使用小容量的热继电器实现电路的过载保护。在电动机起动过程中，KA 线圈工作，其常开触头闭合，可避免因起动时间过长而使热继电器误动作。

3. 频敏变阻器的调整

频敏变阻器每相绕组备有 4 个接线端头，其中 3 个接线端头与公共接线端头之间分别对应 100%、85%、71% 的匝数，出厂时线接在 85% 的匝数上。频敏变阻器上、下铁心由两面 4 个拉紧螺栓固定，上、下铁心的气隙大小可调，出厂时该气隙被调为零。在使用过程中，如果出现下列情况，可调整频敏变阻器的匝数或气隙。

1）起动电流、起动转矩及电动机完成起动过程的时间的调整，均可通过换接抽头，改变匝数的方法来实现。如起动电流过小、起动转矩过小、完成起动时间过长时，可减少频敏变阻器的匝数。

2）如果刚起动时，起动转矩过大，有机械冲击现象，而起动完毕后，稳定转速又偏低时，应将上、下铁心的气隙调大。具体方法是拧开铁心的拉紧螺栓，在上、下铁心间增加非磁性垫片。气隙的增大虽使起动电流有所增加，起动转矩稍有减小，但是起动完毕后电动机的转矩会增加，而且稳定运行时的转速也会得到相应的提高。

复习思考题

1. 简述红外计数器的工作原理。

2. 简述小型通用继电器的工作原理。

3. 固态继电器的用途是什么？

4. 简述直流固态继电器的工作原理。

5. 使用直流固态继电器时的注意事项有哪些？

6. 选用固态继电器时应注意什么？

7. 在电动机的控制电路中，短路保护和过载保护各由什么电器来实现？它们能否互相替代？

8. 三相笼型异步电动机的起动电流一般为额定电流的 4～7 倍，为什么起动转矩却不大？

9. 三相笼型异步电动机在什么条件下可以直接起动？不能直接起动时，应采用什么方法起动？

10. 作图：设计并画出某机床运行的电路图，要求如下：

1）如图 3-42 所示，按下起动按钮后，刀架由原始位置前进，当碰到位置开关 SQ1 时返回（刀架返回是依靠机械改变的）；当返回到原位碰到开关位置 SQ2 时刀架停止。

2）刀架应能在前进或后退途中任意位置都能停止或再次起动。

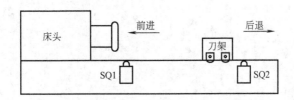

图 3-42 复习题 10 图

11. 试将图 3-16 中三相异步电动机丫-△减压起动的通电延时控制改为断电延时控制状态的电路图。

12. 作图：画出一台小车运行的控制电路，其动作顺序为：

1）小车由原位开始前进，至终端后自动停止；

2）在终端停留 2min 后自动返回原位停止；

3）要求能在前进或后退任意位置都能起动或停止。

13. 作图：设计一台绕线转子异步电动机的控制电路。要求如下：

1）电动机单方向旋转；

2）按起动按钮后，经 1s 后切除第一段转子电阻 R_1，经 2s 后切除第二段转子电阻 R_2，经 3s 后切除第三段转子电阻 R_3；

3）运行时只允许切除 R_3 的接触器工作，其余时间继电器断电；

4）具有过载、短路及零压保护环节。

14. 什么叫做减压起动？常见的减压起动方法有哪几种？

15. 简述笼型异步电动机几种电气制动方式的优、缺点和适用场合。

16. 分析图 3-33 电路的工作原理。

17. 三相异步电动机的调速方法有哪几种？

第四章

一般机械设备电气控制电路的检修

培训目标 熟悉机床电气一般故障的检修方法；熟悉典型设备的结构和电力拖动特点；掌握常用机械设备电气线路的安装方法；掌握各种机床电气控制电路的故障检修方法。

一般机械设备在日常使用中经常发生各种电气故障，这些故障多是由于维护保养不当、操作失误、检修过程中操作不规范、机械故障、电气控制电路的接线端子松动、振动使电器开关移位、电器开关损坏等原因造成的。因此，作为维修电工人员，除了要掌握继电器-接触器基本控制电路环节的安装和维修方法，还应学会阅读、分析机床电气控制电路的方法、步骤，加深对典型控制电路环节的了解和应用，并在实践中不断地总结和提高。

第一节　机床电气一般故障的检修方法

正确分析和妥善处理一般机械设备电气线路中出现的故障，首先要检查出产生故障的部位和原因。

一、一般电气故障的检修步骤

1. 故障调查

检修前要进行故障调查。机床发生故障后，首先应向操作者了解故障发生前后的状况，再根据电气设备的工作原理来分析发生故障的原因。切忌再通电试车和盲目动手检修。

（1）问　一般询问的内容有：故障发生在开车前、开车后或是在运行中；是运行中自行停车，还是出现情况后由操作者停车的；发生故障时，机床工作在什么顺序，按动了哪个按钮，扳动了哪个开关；故障发生前后，设备有无异常现象（如响声、气味、冒烟或冒火等）；以前是否发生过类似的故障以及是怎么处理的等等。

（2）看　查看机床有无明显的外部损坏特征，例如：电动机、变压器、电磁铁线圈等有无过热冒烟；熔断器的熔丝是否熔断；其他电器元件有无发热、烧坏、断线；导线连接点有否松动；电动机的转速是否正常等。

（3）听　电动机、变压器和电器元件在运行中声音是否正常，可以帮助寻找故障的部位。

（4）摸　电动机、机床控制变压器和电器元件的线圈发生故障时，温度明显升高，可切断电源后用手去感触。

2. 电路分析

根据调查结果，参考该电气设备的电气原理图进行分析，初步判断故障产生的部位，逐步缩小故障范围，直至找到故障点并加以排除。

分析故障时应有针对性，如接地故障一般先考虑电器柜外的电气装置，后考虑电器柜内的元件。断路和短路故障，应先考虑频繁动作的电器元件，后考虑其他元件。

3. 断电检查

检查前先断开机床总电源，然后根据故障可能产生的部位，逐步找出故障点。检查时应先检查电源线进线处有无损伤而引起电源接地、短路等现象，螺旋式熔断器的熔断指示色点是否脱落，热继电器是否动作；然后检查电器外部有无损坏，连接导线有无断路、松动，绝缘有否过热或烧焦。

4. 通电检查

断电检查仍未找到故障时，可对电气设备通电检查。通电检查法是指机床和机械设备发生电气故障后，根据故障的性质，在条件允许的情况下，通电检查故障发生的部位和原因。

在通电检查时，要尽量使电动机和机械传动部分脱开，将控制器和转换开关置于零位，行程开关还原到正常位置，看有否断相和电压、电流不平衡的现象。通电检查的顺序为：先检查控制电路，后检查主电路；先检查交流系统，后检查直流系统；先检查开关电路，后检查调整系统。也可断开所有开关，取下所有熔断器，然后按顺序逐一放入欲检查各部分电路的熔断器，合上开关，观察电气元件是否按要求动作，有否冒烟、熔断器熔断的现象，直至查到发生故障的部位。

注意：在通电检查时，必须注意人身和设备的安全。要遵守安全操作规程，不得随意触动带电部分。

二、一般电气故障的检修方法

1. 断路故障的检修

（1）验电器检修法　用验电器检修断路故障的方法如图 4-1 所示。检修时用验电器依次测试图中 1～7 各点，并按下按钮 SB2，当验电器测量到哪一点不亮时即为断路处。

用验电器测试断路故障时应注意：

1）在有一端接地的 220V 电路中测量时，应从电源侧开始，依次测量，并注意观察验电器的亮度，防止由于外部电场、泄漏电流造成氖管发亮，而误认为电路没有断路。

2）当检查 380V 且有变压器的控制电路中的熔断器是否熔断时，防止由于电源通过另一相熔断器和变压器的一次绕组回到已熔断的熔断器的出线端，造成熔断器没有熔断的假象。

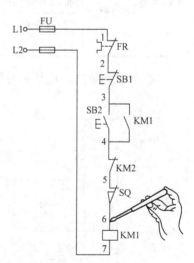

图 4-1　用验电器检修断路故障

（2）万用表检修法

1）电压测量法：检查时将万用表挡位开关转到交流电压 500V。

① 分阶测量法。电压的分阶测量法如图 4-2 所示。

检查时，首先用万用表测量 1 和 7 两点间的电压，然后按住起动按钮 SB2 不松开，此时将黑表笔接到 7 号线上，红表笔按 2、3、4、5、6 标号依次测量，若电路电压为 380V，分别测量 7-2、7-3、7-4、7-5、7-6 各阶之间的电压。电路正常的情况下，各阶的电压值均为 380V，假如测到 7-6 无电压，则说明行程开关 SQ 的常闭触头（5-6）断路。

根据各阶电压值来检查故障的方法见表 4-1，此种测量方法像台阶一样，所以称为分阶测量法。

表 4-1　分阶测量法判别故障原因

故障现象	测试状态	7-1	7-2	7-3	7-4	7-5	7-6	故 障 原 因
按动 SB2，KM1 不吸合	按动 SB2 不松开	380V	380V	380V	380V	380V	0	SQ 常闭触头接触不良
		380V	380V	380V	380V	0	0	KM2 常闭触头接触不良
		380V	380V	380V	0	0	0	SB2 常开触头接触不良
		380V	380V	0	0	0	0	SB1 常闭触头接触不良
		380V	0	0	0	0	0	FR 常闭触头接触不良

② 分段测量法。电压的分段测量法如图 4-3 所示。

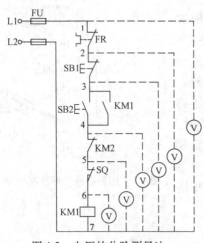

图 4-2　电压的分阶测量法

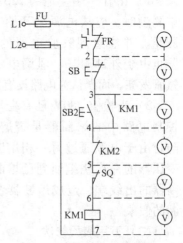

图 4-3　电压的分段测量法

检查时先用万用表测试 1、7 两点之间，电压值为 380V，说明电源电压正常。

电压的分段测试法是将红、黑两根表笔逐段测量相邻两标点 1-2、2-3、3-4、4-5、5-6、6-7 间的电压。

如电路正常，按 SB2 后，除 6-7 两点间的电压为 380V 外，其他任何相邻两点间的电压值均为零。

在按下起动按钮 SB2，接触器 KM1 不吸合，说明发生了断路故障，此时可用电压表逐段测试各相邻点间的电压。如测量到某相邻两点间的电压为 380V 时，说明这两点间有断路故障，根据各段电压值来检查故障的方法见表 4-2。

表 4-2　分段测量法判别故障原因

故障现象	测试状态	1-2	2-3	3-4	4-5	5-6	6-7	故 障 原 因
按动 SB2，KM1 不吸合	按动 SB2 不松开	380V	0	0	0	0	0	FR 常闭触头接触不良
		0	380V	0	0	0	0	SB1 常闭触头接触不良
		0	0	380V	0	0	0	SB2 常开触头接触不良
		0	0	0	380V	0	0	KM2 常闭触头接触不良
		0	0	0	0	380V	0	SQ 常闭触头接触不良
		0	0	0	0	0	380V	KM1 线圈断路

2）电阻测量法

① 分阶测量法。电阻的分阶测量法如图 4-4 所示。

按下起动按钮 SB2，接触器 KM1 不吸合，则该回路有断路故障。用万用表的电阻挡检测前应先断开电源，然后按下 SB2 不放，先测量 1-7 两点间的电阻，如电阻值为无穷大，说明 1-7 之间的电路断路；然后分阶测量 1-2、1-3、1-4、1-5、1-6 各点间的电阻值。若电路正常，则该两点间的电阻值为 "0"；当测量到某标号间的电阻值为无穷大，则说明表笔刚跨过的触头或连接导线断路。

② 分段测量法。电阻的分段测量法如图 4-5 所示。

检查时先切断电源，按下起动按钮 SB2，然后依次逐段测量相邻两标号点 1-2、2-3、3-4、4-5、5-6 间的触头或连接导线。当测得

2-3 两点间电阻为无穷大时，说明停止按钮 SB1 或连接 SB1 的导线断路。

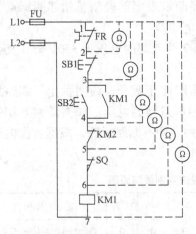

图 4-4　电阻的分阶测量法　　图 4-5　电阻的分段测量法

电阻测量法的优点是安全，缺点是测得的电阻值不准确时，容易造成判断错误。为此应注意以下几点：

① 用电阻测量法检查故障时一定要断开电源。

② 如被测的电路与其他电路并联时，必须将该电路与其他电路断开，否则所测得的电阻值将不准确。

③ 测量高电阻值的电器元件时，把万用表的选择开关旋至合适的电阻挡。

2. 短路故障的检修

（1）电源间短路故障的检修　这种故障一般是通过电器的触头或连接导线将电源短路的，如图 4-6 所示。

图 4-6 中行程开关 SQ 中的 2 号与 0 号因某种原因连接将电源短路，合上电源，按下 SB2 后，熔断器 FU 就熔断。现采用万用表检修，步骤如下：

1）取出熔断器 FU 的熔体，将万用表的两表笔分别接到 1 号和 0 号线上，开关置于电阻挡，指针指示为"0"，说明电源间短路。

2）将行程开关 SQ 常开触头上的 0 号线拆下，指针若不指"0"，说明电源短路在这个环节；指针若仍指"0"，说明短路点在 0 号上。

（2）电器触头本身短路故障的检修 图 4-6 中，若停止按钮 SB1 的常闭触头短路，会使接触器 KM1、KM2 工作后不能释放。又如接触器 KM1 的自锁触头短路，这时一合上电源，KM1 就会吸合，这类故障较为明显，只要通过分析即可确定故障点。

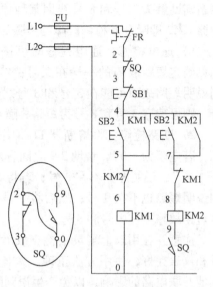

图 4-6 电源间的短路故障

（3）电器触头之间的短路故障检修 图 4-7 中，接触器 KM1 的

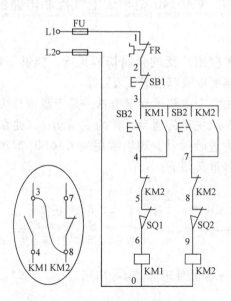

图 4-7 电器触头间的短路故障

两副辅助触头 3 号和 8 号线因某种原因而短路，当合上电源后，接触器 KM2 即吸合。检修故障的步骤如下：

1）通电检修：通电检修时可按下 SB1，如接触器 KM2 释放，则可确定短路故障的一端在 3 号；然后将 SQ2 断开，KM2 也释放，则说明短路故障可能在 3 号和 8 号之间。若拆下 7 号线，KM2 仍吸合，则可确定 3 号和 8 号为短路故障点。

2）断路检修：将熔断器 FU 取下，用万用表的电阻挡测 2-9 之间，若电阻为 "0"，说明 2-9 之间有短路故障；然后按 SB1，若电阻为 "∞"，说明短路不在 2 号；若将 SQ2 断开，测量电阻为 "∞"，则说明短路也不在 9 号；然后将 7 号点断开，电阻为 "0"，则可确定短路故障点在 3 号和 8 号。

注意：在用以上测量法检查故障点时，一定要保证各种测量工具和仪表完好，使用方法正确，尤其要注意防止感应电、回路电及其他并联电路的影响，以免产生误判断。

第二节 CA6140 型车床电气控制电路的检修

车床是一种应用广泛的金属切削机床，能够车削外圆、内圆、螺纹、螺杆、端面以及车削定型表面等。

卧式车床由两个主要运动部分：一是卡盘或顶尖带动工件的旋转运动，这是车床主轴的运动，称为主运动；二是溜板带动刀架的直线运动，称为进给运动。现以常用的 CA6140 型车床为例进行说明。该车床型号意义如下：

$$\begin{array}{c}\underset{\text{类代号（车床类）}}{C}\ \underset{\text{结构特性代号}}{A}\ \underset{\text{组代号（落地及卧式车床组）}}{6}\ \underset{\text{系代号（卧式车床系）}}{1}\ \underset{\text{主参数折算值}}{40}\end{array}$$

CA6140 型车床的外形如图 4-8 所示。

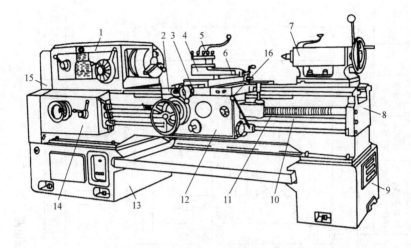

图 4-8　CA6140 型车床的外形

1—主轴箱　2—纵溜板　3—横溜板　4—转盘
5—方刀架　6—小溜板　7—尾架　8—床身
9—右床座　10—光杠　11—丝杠　12—溜板箱
13—左床座　14—进给箱　15—挂轮架　16—操纵手柄

一、CA6140 型车床电气控制电路分析

CA6140 型车床的电气控制电路如图 4-9 所示。

1. 主电路

主电路共有 3 台电动机：M1 为主轴电动机，带动主轴旋转和刀架作进给运动；M2 为冷却泵电动机，用以输送切削液；M3 为刀架快速移动电动机。

将钥匙开关 SB 向右旋转，再扳动断路器开关 QF 引入三相交流电源。熔断器 FU 具有线路总短路保护功能；FU1 作为冷却泵电动机 M2、快速移动电动机 M3、控制变压器 TC 的短路保护。

主轴电动机 M1 由接触器 KM 控制，接触器 KM 具有失电压和欠电压保护功能；热继电器 FR1 作为主轴电动机 M1 的过载保护。

冷却泵电动机 M2 由中间继电器 KA1 控制，热继电器 FR2 为电动机 M2 实现过载保护。

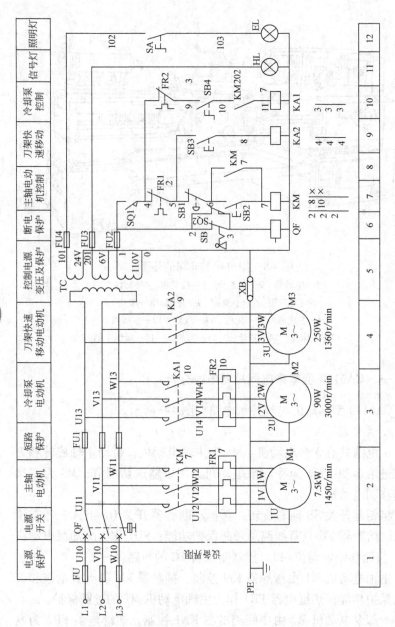

图 4-9 CA6140型车床电气控制电路

刀架快速移动电动机 M3 由中间继电器 KA2 控制，因电动机 M3 是短期工作的，故未设过载保护。

2. 控制电路

控制变压器 TC 二次侧输出 110V 电压作为控制电路的电源。

（1）主轴电动机 M1 的控制　按下起动按钮 SB2，接触器 KM 线圈获电吸合，KM 主触头闭合，主轴电动机 M1 起动。按下蘑菇形停止按钮 SB1，接触器 KM 线圈失电，电动机 M1 停转。

主轴的正反转是采用多片离合器实现的。

（2）冷却泵电动机 M2 的控制　只有当接触器 KM 获电吸合，主轴电动机 M1 起动后，合上旋钮开关 SB4，使中间继电器 KA1 线圈获电吸合，冷却泵电动机 M2 才能起动。当 M1 停止运行时，M2 自行停止。

（3）刀架快速移动电动机 M3 的控制　刀架快速移动电动机 M3 的起动是由安装在进给操纵手柄顶端的按钮 SB3 来控制，它与中间继电器 KA2 组成点动控制环节。将操纵手柄扳到所需的方向，按下按钮 SB3，中间继电器 KA2 获电吸合，电动机 M3 获电起动，刀架就向指定方向快速移动。

3. 照明及信号灯电路

控制变压器 TC 的二次侧分别输出 24V 和 6V 电压，作为机床照明灯和信号灯的电源。EL 为机床的低压照明灯，由开关 SA 控制；HL 为电源的信号灯。

CA6140 型车床的电气设备明细见表 4-3。CA6140 型车床的接线图如图 4-10 所示。

表 4-3　CA6140 型车床的电气设备明细

代　号	名　称	型号及规格	数量	用　途
M1	主轴电动机	Y132M—4—B3、7.5kW、1450r/min	1	主传动用
M2	冷却泵电动机	AOB—25、90W、3000r/min	1	输送切削液用
M3	快速移动电动机	AOS5634、250W、1360r/min	1	溜板快速移动用
FR1	热继电器	JR20—63L	1	M1 的过载保护
FR2	热继电器	JR20—63L	1	M2 的过载保护
KM	交流接触器	CJ20—20	1	控制 M1

（续）

代　号	名　称	型号及规格	数量	用　途
KA1	中间继电器	JZ7—44、线圈电压110V	1	控制M2
KA2	中间继电器	JZ7—44、线圈电压110V	1	控制M3
SB1	按钮	LAY3—01ZS/1	1	停止M1
SB2	按钮	LAY3—10/3.11	1	起动M1
SB3	按钮	LA9	1	起动M3
SB4	旋钮开关	LAY3—10X/2	1	控制M2
SQ1、SQ2	位置开关	JWM6—11	2	断电保护
HL	信号灯	ZSD—0、6V	1	刻度照明
QF	断路器	AM2—40、20A	1	电源引入
TC	控制变压器	JBK2—100、380V/110V/24V/6V	1	变换电压

二、CA6140型车床常见电气故障的分析与检修

（1）主轴电动机M1不能起动

1）按下起动按钮SB2后，接触器KM1没吸合，主轴电动机M1不能起动　故障的原因应在控制电路中，可依次检查熔断器FU2，热继电器FR1和FR2的常闭触头，停止按钮SB1，起动按钮SB2和接触器KM1的线圈是否断路。

2）按下起动按钮SB2后，接触器KM1吸合，但主轴电动机M1不能起动　故障的原因应在主电路中，可依次检查接触器KM1的主触头，热继电器FR1的热元件接线端及三相电动机的接线端。

（2）主轴电动机M1不能停车　这类故障的原因多是接触器KM1的铁心面上的油污使上下铁心不能释放或KM1的主触头发生熔焊，或停止按钮SB1的常闭触头短路所致。

（3）刀架快速移动电动机M3不能起动　按点动按钮SB3，中间继电器KA2没吸合，则故障应在控制电路中，此时可用万用表进行分阶电压测量法依次检查热继电器FR1和FR2的常闭触头，停止按钮SB1的常闭触头，点动按钮及中间继电器KA2的线圈是否断路。

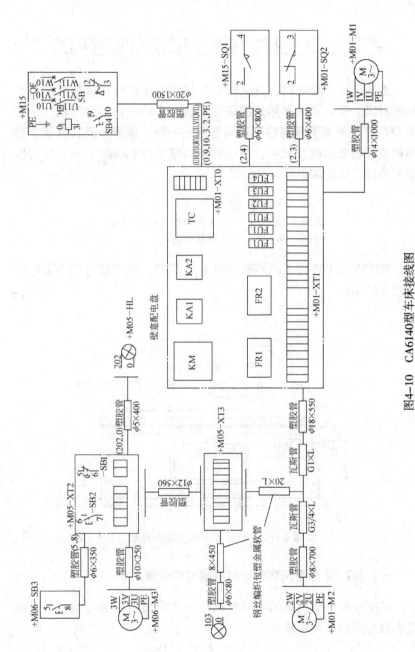

图4-10 CA6140型车床接线图

第三节　M7130 型平面磨床电气控制电路的检修

磨床是用砂轮的周边或端面对工件的表面进行机械加工的一种精密机床。平面磨床是用来磨削加工各种零件平面的常用机床，其中 M7130 型平面磨床是使用较为普遍的一种，该磨床操作方便，磨削精度和表面粗糙度较高，适于磨削精密零件和各种工具，并可作镜面磨削。该磨床型号意义如下：

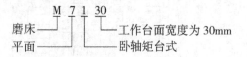

M7130 型平面磨床的外形如图 4-11 所示。机床的电气控制电路如图 4-12 所示。

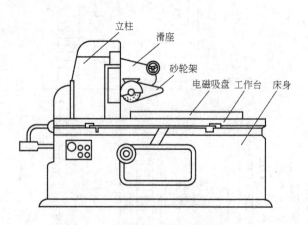

图 4-11　M7130 型平面磨床的外形

一、M7130 型平面磨床电气控制电路分析

M7130 型平面磨床的电气线路分为主电路、控制电路、电磁吸盘电路和照明电路 4 部分。

145

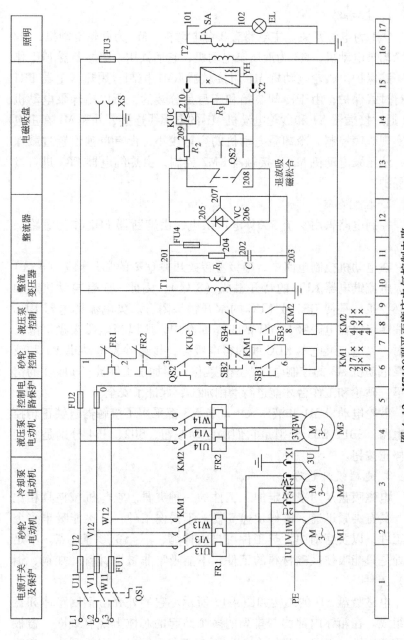

图4-12 M7130型平面磨床电气控制电路

1. 主电路

QS1 为电源开关。主电路有 3 台电动机，M1 为砂轮电动机，M2 为冷却泵电动机，M3 为液压泵电动机，它们共用一组熔断器 FU1 作为短路保护。砂轮电动机 M1 用接触器 KM1 控制，用热继电器 FR1 进行过载保护；由于冷却泵箱和床身是分装的，所以冷却泵电动机 M2 通过接插器 X1 和砂轮电动机 M1 的电源线连接，并和 M1 在主电路实现顺序控制。冷却泵电动机的容量较小，没有单独设置过载保护，液压泵电动机 M3 由接触器 KM2 控制，由热继电器 FR2 进行过载保护。

2. 控制电路

控制电路采用交流 380V 电压供电，由熔断器 FU2 作为短路保护。

在电动机控制电路中，串接着转换开关 QS2 的常开触头（6 区）和欠电流继电器 KUC 的常开触头（8 区），因此，三台电动机起动的必要条件是使 QS2 或 KUC 的常开触头闭合。欠电流继电器 KUC 的线圈串接在电磁吸盘 YH 的工作回路中，所以当电磁吸盘得电工作时，欠电流继电器 KUC 线圈得电吸合，接通砂轮电动机 M1 和液压泵电动机 M3 的控制电路，这样就保证了加工工件被 YH 吸住的情况下，砂轮和工作台才能进行磨削加工，保证了安全。

砂轮电动机 M1 和液压泵电动机 M3 都采用了接触器自锁正转控制电路，SB1、SB3 分别是它们的起动按钮，SB2、SB4 分别是它们的停止按钮。

3. 电磁吸盘电路

电磁吸盘是用来固定加工工件的一种夹具。它与机械夹具相比较，具有夹紧迅速，操作快速简便，不损伤工件，一次能吸牢多个小工件，以及磨削中发热工件可自由伸缩、不会变形等优点。不足之处是只能吸住铁磁材料的工件，不能吸牢非磁性材料（如铜、铝等）工件。

电磁吸盘 YH 的结构如图 4-13 所示。它的外壳由钢制箱体和盖板组成。在箱体内部均匀排列的多个凸起的芯体上绕有线圈，盖板则用非磁性材料（如铝锡合金）隔离成若干钢条。当线圈通入直流电后，凸起的芯体和隔离的钢条均被磁化形成磁极。当工件放在电磁吸盘上，也将被磁化而产生与吸盘相异的磁极并被牢牢吸住。

电磁吸盘电路包括整流电路、控制电路和保护电路 3 部分。

整流变压器 T1 将 220V 的交流电压降为 145V，然后经桥式整流器 VC 后输出 110V 直流电压。

QS2 是电磁吸盘 YH 的转换控制开关（又称为退磁开关），有"吸合"、"放松"和"退磁"3 个位置。

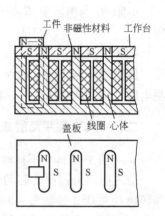

图 4-13　电磁吸盘结构示意图

当 QS2 扳至"吸合"位置时，触头（205-208）和（206-209）闭合，110V 直流电压接入电磁吸盘 YH，工件被牢牢吸住。此时，欠电流继电器 KUC 线圈得电吸合，KUC 的常开触头闭合，接通砂轮和液压泵电动机的控制电路。待工件加工完毕，先把 QS2 扳到"放松"位置，切断电磁吸盘 YH 的直流电源。此时由于工件具有剩磁而不能取下，因此，必须进行退磁。将 QS2 扳到"退磁"位置，这时，触头（205-207）和（206-208）闭合，电磁吸盘 YH 通入较小的（因串入了退磁电阻 R_2）反向电流进行退磁。退磁结束，将 QS2 扳回到"放松"位置，即可将工件取下。

如果有些工件不易退磁时，可将附件退磁器的插头插入插座 XS，使工件在交变磁场的作用下进行退磁。

若将工件夹在工作台上，而不需要电磁吸盘时，则应将电磁吸盘 YH 的 X2 插头从插座上拔下，同时将转换开关 QS2 扳到"退磁"位置，这时，接在控制电路中 QS2 的常开触头（3-4）闭合，接通电动机的控制电路。

电磁吸盘的保护电路是由放电电阻 R_3 和欠电流继电器 KUC 组成。电阻 R_3 是电磁吸盘的放电电阻，它的作用是在电磁吸盘断电瞬间给线圈提供放电通路，吸收线圈释放的磁场能量。欠电流继电器 KUC 用以防止电磁吸盘断电时工件脱出发生事故。

电阻 R_1 与电容器 C 的作用是防止电磁吸盘回路交流侧的过电压。

4. 照明电路

照明变压器 T2 将 380V 的交流电压降为 36V 的安全电压供给照明电路。EL 为照明灯，一端接地，另一端由开关 SA 控制。

二、M7130 型平面磨床常见电气故障的分析与检修

1. 三台电动机都不能起动

造成电动机都不能起动的原因是欠电流继电器 KUC 的常开触头和转换开关 QS2 的触头（3-4）接触不良、接线松脱或有油垢，使电动机的控制电路处于断电状态。检修故障时，应将转换开关 QS2 扳至"吸合"位置，检查欠电流继电器 KUC 的常开触头（3-4）的接通情况，不通时修理或更换元件便可排除故障。否则，应将转换开关 QS2 扳至"退磁"位置，拔掉电磁吸盘插头，检查 QS2 的触头（3-4）的通断情况，不通则修理或更换转换开关。

若 KUC 和 QS2 的触头（3-4）无故障，电动机仍不能起动，可检查热继电器 FR1、FR2 的常闭触头是否动作或接触不良。

2. 砂轮电动机的热继电器 FR1 经常脱扣

砂轮电动机 M1 为装入式电动机，它的前轴承是铜瓦，易磨损。磨损后易发生堵转现象，使电流增大，导致热继电器脱扣。若是这种情况，应修理或更换轴瓦。另外，砂轮进给量太大，电动机超负载运行，造成电动机堵转，电流急剧上升，热继电器脱扣。因此，工作中应选择合适的进给量，防止电动机超载运行。除以上原因之外，更换后的热继电器规格选得太小或没有调整好整定电流，使电动机还未达到额定负载时，热继电器就已经脱扣。因此，应注意热继电器必须按其被保护电动机的额定电流进行选择和调整。

3. 冷却泵电动机烧坏

造成这种故障的原因有以下几种：一是切削液进入电动机内部，造成匝间或绕组间短路，使电流增大；二是反复修理冷却泵电动机后，使电动机端盖轴间隙增大，造成转子在定子内不同心，工作时电流增大，电动机长时间过载运行；三是冷却泵被杂物塞住引起电

动机堵转，电流急剧上升。由于该磨床的砂轮电动机与冷却泵电动机共用一个热继电器 FR1，而且两者容量相差太大，当发生以上故障时，电流增大不足以使热继电器 FR1 脱扣，从而造成冷却泵电动机烧坏。若给冷却泵电动机加装热继电器，就可以避免发生这种故障。

4. 电磁吸盘无吸力

出现这种故障时，首先用万用表测三相电源电压是否正常。若电源电压正常，再检查熔断器 FU1、FU2、FU4 有无熔断现象。常见的故障是熔断器 FU4 熔断，造成电磁吸盘电路断开，使吸盘无吸力。FU4 熔断是由于整流器 VC 短路，使整流变压器 T1 二次绕组流过很大的短路电流造成的。如果检查整流器输出空载电压正常，接通吸盘后，输出电压下降不大，欠电流继电器 KUC 不动作，吸盘无吸力，这时，可依次检查电磁吸盘 YH 的线圈、插接器 X2、欠电流继电器 KUC 的线圈有无断路或接触不良的现象。检修故障时，可使用万用表测量各点电压，查出故障元件，进行修理或更换，即可排除故障。

5. 电磁吸盘吸力不足

引起这种故障的原因是电磁吸盘损坏或整流器输出电压不正常。M7130 型平面磨床电磁吸盘的电源电压由整流器 VC 供给。空载时，整流器直流输出电压应为 130～140V，负载时不应低于 110V。若整流器空载输出电压正常，带负载时电压远低于 110V，则表明电磁吸盘线圈已短路，短路点多发生在线圈各绕组间的引线接头处。由于吸盘密封不好，切削液流入，引起绝缘损坏，造成线圈短路。若短路严重，过大的电流会使整流元件和整流变压器烧坏。出现这种故障，必须更换电磁吸盘线圈，并且要处理好线圈绝缘，安装时要完全密封好。

若电磁吸盘电源电压不正常，多是因为整流元件短路或断路造成的。应检查整流器 VC 的交流侧电压及直流侧电压。若交流侧电压正常，直流输出电压不正常，则表明整流器发生元件短路或断路故障。如某一桥臂的整流二极管发生断路，将使整流电压降到额定电压的 1/2；若相邻的两个二极管都断路，则输出电压为零。整流元件损坏的原因可能是元件过热或过电压造成的。由于整流二极管热容量很小，在整流过载时，元件温度急剧上升，烧坏二极管；当放电电阻 R_3 损坏或接线断路时，由于电磁吸盘线圈电感很大，在断开瞬间产生过电压将整流器件击穿。排除此类故障时，可用万用表测量整流器的输出及输入电压，判断出故障部位，查出故障元件，进行更换或修理即可。

6. 电磁吸盘退磁不好使工件取下困难

电磁吸盘退磁不好的故障原因，一是退磁电路断路，根本没有退磁，应检查转换开关 QS2 接触是否良好，退磁电阻 R_2 是否损坏；二是退磁电压过高，应调整电阻 R_2，使退磁电压调至 5～10V；三是退磁时间太长或太短，对于不同材料的工件，所需的退磁时间不同，注意掌握好退磁时间。

第四节　Z3040 型摇臂钻床电气控制电路的分析

钻床是一种用途广泛的孔加工机床。它主要用钻床钻削精度要求不太高的孔，另外还可以用来扩孔、铰孔、镗孔以及攻螺纹等。

钻床的结构形式很多，有台式钻床、立式钻床、深孔钻床及多轴钻床等。摇臂钻床是一种立式钻床，它适用于单件或批量生产中带有多孔的大型零件的孔加工。现以常用的 Z3040 型钻床为例进行说明。该钻床的型号意义如下：

```
        Z 3040
钻床 ┐┌ │ └ 最大钻孔直径40mm
摇臂 └───── 摇臂钻床系
```

一、Z3040 型摇臂钻床的结构和运动形式

Z3040 型摇臂钻床主要由底座、内立柱、外立柱、摇臂、主轴箱、工作台等部分组成。内立柱固定在底座上，在它外面套着空心的外立柱，外立柱可绕着不动的内立柱回转360°。摇臂一端的套筒部分与外立柱滑动配合，借助于丝杠，摇臂可沿着外立柱上下移动，

但两者不能作相对转动，因此摇臂与外立柱一起相对内立柱作回转运动。其外形和结构如图 4-14 所示。

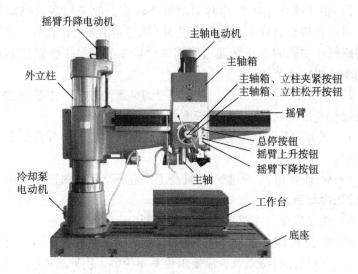

图 4-14　Z3040 型摇臂钻床的外形和结构

主轴箱是一个复合的部件，它包括主轴及主轴旋转和进给运动（轴向前进移动）的全部传动变速和操作机构。主轴箱安装于摇臂的水平导轨上，可通过手轮操作使它沿着摇臂上的水平导轨作径向移动。当需要钻削加工时，利用夹紧机构将主轴箱紧固在摇臂导轨上，摇臂紧固在外立柱上，外立柱紧固在内立柱上，使加工时主轴不会移动、刀具不会振动，保证加工精度。

根据工件高度的不同，摇臂借助于丝杠可带动主轴箱沿外立柱升降。在升降之前，摇臂自动松开；当达到升降所需位置后，摇臂又自动夹紧在立柱上。摇臂连同外立柱绕内立柱的回转运动依靠人力推动进行，但回转前必须先将外立柱松开。主轴箱沿摇臂上导轨的水平移动也是手动的，移动前也必须先将主轴箱松开。

摇臂钻床的主运动是主轴带动钻头的旋转运动；进给运动是钻头的上下运动；辅助运动是指主轴箱沿摇臂水平移动、摇臂沿外立柱上下移动以及摇臂连同外立柱一起相对于内立柱的回转运动。

二、Z3040 型摇臂钻床的拖动方式与控制要求

1）由于摇臂钻床的相对运动部件较多，故采用多台电动机拖动，以简化传动装置。主轴电动机 M2 承担钻削及进给任务，只要求单向旋转。主轴的正反转通过摩擦离合器来实现，主轴钻速和进刀量用变速机构调节。

2）摇臂的夹紧与放松、立柱本身的夹紧与放松、主轴箱的夹紧与放松都是由电动机 M3 配合液压装置自动进行的。

3）摇臂的升降是由电动机 M2 来完成的，摇臂的升降要求有限位保护。

4）钻削加工时，需要对刀具及工件进行冷却，由冷却泵电动机 M4 输送冷却液。

5）为了安全，本机床设有"开门断电"功能。

Z3040 型摇臂钻床与 Z34 型摇臂钻床的结构基本相同，而在运动形式、电气控制特点及控制要求也基本类似，不同之处在于 Z3040 型摇臂钻床的夹紧与放松则是由电动机配合液压装置自动完成的，并有夹紧、放松指示；另外，Z3040 型摇臂钻床不使用十字开关进行操作。而 Z34 型摇臂的夹紧与放松是依靠机械机构和电气配合自动进行的，使用十字开关进行操作。

三、Z3040 型摇臂钻床电气控制电路分析

Z3040 型摇臂钻床的电气控制电路如图 4-15（见书后插页）所示。

1. 主电路

Z3040 型摇臂钻床共有 4 台电动机，除冷却泵电动机采用断路器直接起动外，其余三台异步电动机均采用接触器直接起动。M1 是主轴电动机，由交流接触器 KM1 控制，只要求单向旋转，主轴的正反转由机械手柄操作。M1 装于主轴箱顶部，拖动主轴及进给传动系统运转。热继电器 FR1 作为电动机 M1 的过载及断相保护，短路保护由断路器 QF1 中的电磁脱扣器来完成。M2 是摇臂升降电动机，装于立柱顶部，用接触器 KM2 和 KM3 控制其正反转。由于电动机 M2 是

间断性工作的,所以不设置过载保护。M3 是液压夹紧电动机,用接触器 KM4 和 KM5 控制其正反转。由热继电器 FR2 作为过载及断相保护。该电动机的主要作用是拖动液泵供给液压装置液压油,以实现摇臂、立柱以及主轴箱的松开和夹紧。

摇臂升降电动机 M2 和液压夹紧电动机 M3 共用断路器 QF3 中的电磁脱扣器作为短路保护。M4 是冷却泵电动机,由断路器 QF2 直接控制,并实现短路、过载及断相保护。

电源配电盘在立柱前下部。冷却泵电动机 M4 装于靠近立柱的底座上,升降电动机 M2 装于立柱顶部,其余电气设备置于主轴箱或摇臂上。由于 Z3040 型摇臂钻床内、外立柱间未装设汇流环,故在使用时,请勿沿一个方向连续旋转摇臂,以免发生事故。

主电路电源电压为交流 380V,由断路器 QF1 作为电源引入开关。

2. 控制电路

控制电路电源由控制变压器 TC 降压后供给 110V 电压,熔断器 FU1 作为短路保护。

(1) 开车前的准备工作　为保证操作安全,本钻床设有"开门断电"功能。所以开车前应将立柱下部及摇臂后部的电气箱门盖关好,方能接通电源。合上 QF3 (5 区) 及总电源开关 QF1 (2 区),则电源指示灯 HL1 (10 区) 亮,表示钻床的电气控制电路已进入带电状态。

(2) 主轴电动机 M1 的控制　按下起动按钮 SB3 (12 区),接触器 KM1 吸合并自锁,使主轴电动机 M1 起动运行,同时指示灯 HL2 (9 区) 亮。按下停止按钮 SB2 (12 区),接触器 KM1 释放,使主轴电动机 M1 停转,同时指示灯 HL2 熄灭。

(3) 摇臂升降控制　按下上升按钮 SB4 (15 区) (或下降按钮 SB5),则时间继电器 KT1 线圈 (14 区) 通电吸合,其瞬时闭合的常开触头 (17 区) 闭合,接触器 KM4 线圈 (17 区) 通电,液压夹紧电动机 M3 起动,正向旋转,供给液压油。液压油经分配阀体进入摇臂的"松开油腔",推动活塞移动,活塞推动菱形块,将摇臂松开。同时活塞杆通过弹簧片压下位置开关 SQ2,使其常闭触头 (17

区）断开，常开触头（15 区）闭合。前者切断了接触器 KM4 的线圈电路，KM4 主触头（6 区）断开，液压夹紧电动机 M3 停止工作。后者使交流接触器 KM2（或 KM3）的线圈（15 区或 16 区）通电，KM2（或 KM3）的主触头（5 区）接通 M2 的电源，摇臂升降电动机 M2 起动旋转，带动摇臂上升（或下降）。若此时摇臂尚未松开，则位置开关 SQ2 的常开触头则不能闭合，接触器 KM2（或 KM3）的线圈无电，摇臂就不能上升（或下降）。

当摇臂上升（或下降）到所需位置时，松开按钮 SB4（或 SB5），则接触器 KM2（或 KM3）和时间继电器 KT1 同时断电释放，M2 停止工作，随之摇臂停止上升（或下降）。

由于时间继电器 KT1 断电释放，经 1～3s 时间的延时后，其延时闭合的常闭触头（18 区）闭合，使接触器 KM5（18 区）吸合，液压夹紧电动机 M3 反向旋转，随后泵内液压油经分配阀进入摇臂的"夹紧油腔"使摇臂夹紧。在摇臂夹紧后，活塞杆推动弹簧片压下的位置开关 SQ3，其常闭触头（19 区）断开，KM5 断电释放，M3 最终停止工作，完成了摇臂的松开—上升（或下降）—夹紧的整套动作。

组合开关 SQ1a（15 区）和 SQ1b（16 区）作为摇臂升降的超程限位保护。当摇臂上升到极限位置时，压下 SQ1a 使其断开，接触器 KM2 断电释放，M2 停止运行，摇臂停止上升；当摇臂下降到极限位置时，压下 SQ1b 使其断开，接触器 KM3 断电释放，M2 停止运行，摇臂停止下降。

摇臂的自动夹紧由位置开关 SQ3 控制。如果液压夹紧系统出现故障，不能自动夹紧摇臂，或者由于 SQ3 的调整不当，在摇臂夹紧后不能使 SQ3 的常闭触头断开，都会使液压夹紧电动机 M3 因长期过载运行而损坏。为此电路中设有热继电器 FR2，其整定值应根据电动机 M3 的额定电流进行整定。

摇臂升降电动机 M2 的正反转接触器 KM2 和 KM3 不允许同时获电工作，以防止电源相间短路。为避免因操作失误、主触头熔焊等原因而造成短路事故，在摇臂上升和下降的控制电路中采用了接触器联锁和复合按钮联锁，以确保电路安全工作。

（4）立柱和主轴箱的夹紧与放松控制　立柱和主轴箱的夹紧

（或放松）既可以同时进行，也可以单独进行，由转换开关 SA1（22～24 区）和复合按钮 SB6（或 SB7）（20 或 21 区）进行控制。SA1 有三个位置，扳到中间位置时，立柱和主轴箱的夹紧（或放松）同时进行；扳到左边位置时，立柱夹紧（或放松）；扳到右边位置时，主轴箱夹紧（或放松）。复合按钮 SB6 是松开控制按钮，SB7 是夹紧控制按钮。

① 立柱和主轴箱同时松开、夹紧。将转换开关 SA1 拨到中间位置，然后按下 SB6，时间继电器 KT2、KT3 线圈（20、21 区）同时得电。KT2 的延时断开常开触头（22 区）瞬时闭合，电磁阀 YA1、YA2 得电吸合。而 KT3 延时闭合的常开触头（17 区）经 1～3s 延时闭合，使接触器 KM4 获电吸合，液压夹紧电动机 M3 正转，液压油进入立柱和主轴箱的松开油腔，使立柱和主轴箱同时松开。

松开 SB6，时间继电器 KT2 和 KT3 的线圈断电释放，KT3 延时闭合的常开触头（17 区）瞬时分断，接触器 KM4 断电释放，液压夹紧电动机 M3 停转。KT2 延时分断的常开触头（22 区）经 1～3s 后分断，电磁阀 YA1、YA2 线圈断电释放，立柱和主轴箱同时松开的操作结束。

立柱和主轴箱同时夹紧的工作原理与松开相似，只要按下 SB7，使接触器 KM5 得电吸合，液压夹紧电动机 M3 反转即可。

② 立柱和主轴箱单独松开、夹紧。如果希望单独控制主轴箱，可将转换开关 SA1 扳到右侧位置。按下松开按钮 SB6（或夹紧按钮 SB7），时间继电器 KT2 和 KT3 的线圈同时得电，这时只有电磁阀 YA2 单独通电吸合，从而实现主轴箱的单独松开（或夹紧）。

松开复合按钮 SB6（或 SB7），时间继电器 KT2 和 KT3 的线圈断电释放，KT3 的通电延时闭合的常开触头瞬时断开，接触器 KM4（或 KM5）的线圈断电释放，液压夹紧电动机 M3 停转。经 1～3s 的延时后 KT2 延时分断的常开触头（22 区）分断，电磁阀 YA2 的线圈断电释放，主轴箱松开（或夹紧）的操作结束。

同理，把转换开关 SA1 扳到左侧，则使立柱单独松开或夹紧。因为立柱和主轴箱的松开与夹紧是短时间的调整工作，所以采用点动控制。

（5）冷却泵电动机 M4 的控制　扳动断路器 QF2，就可以接通或切断电源，操纵冷却泵电动机 M4 的工作或停止。

3. 照明、指示电路

照明、指示电路的电源也由控制变压器 TC 降压后提供 24V、6V 的电压，由熔断器 FU3、FU2 作为短路保护，EL 是照明灯，HL1 是电源指示灯，HL2 是主轴指示灯。

Z3040 型摇臂钻床的电器元件明细见表 4-4。

表 4-4　Z3040 型摇臂钻床的电器元件明细

代 号	名 称	型 号	规 格	数量	用 途
M1	主轴电动机	Y112M-4	4kW、1500r/min	1	驱动主轴及进给
M2	摇臂升降电动机	Y90L-4	1.5kW、1500r/min	1	驱动摇臂升降
M3	液压夹紧电动机	Y802-4	0.75kW、1500r/min	1	驱动液压系统
M4	冷却泵电动机	AOB-25	90W、2800r/min	1	驱动冷却泵
KM1	交流接触器	CJ0-20B	线圈电压 110V	1	控制主轴电动机
KM2～KM5	交流接触器	CJ0-10B	线圈电压 110V	4	控制 M2、M3 正反转
FU1、FU2	熔断器	BZ-001A	2A	3	短路保护
KT1、KT2	时间继电器	JJSK2-4	线圈电压 110V	2	
KT3	时间继电器	JJS142-2	线圈电压 110V	1	
FR1	热继电器	JR0-20/3D	6.8～11A	1	M1 过载保护
FR2	热继电器	JR0-20/3D	1.5～2.4A	1	M3 过载保护
QF1	低压断路器	DZ5-20/330FSH	10A	1	总电源开关
QF2	低压断路器	D25-20/330H	0.3～0.45A	1	M4 控制开关
QF3	低压断路器	DZ5-20/330H	6.5A	1	M2、M3 电源开关
YA1、YA2	交流电磁铁	MFJ1-3	线圈电压 110V	2	液压分配
TC	控制变压器	BK-150	380V/110V、24V、6V	1	电路供电

（续）

代　号	名　　称	型　　号	规　　格	数量	用　　途
SB1	按钮	IAY3-11ZS/1	红色	1	总停止开关
SB2	按钮	IAY3-11		1	主轴电动机停止
SB3	按钮	IAY3-11D	绿色	1	主轴电动机起动
SB4	按钮	LAY3-11		1	摇臂上升
SB5	按钮	LAY3-11		1	摇臂下降
SB6	按钮	IAY3-11		1	松开控制
SB7	按钮	IAY3-11		1	夹紧控制
SQ1	组合开关	HZ4-22		1	摇臂升、降限位
SQ2、SQ3	位置开关	LX5-11		2	摇臂松、紧限位
SQ4	门控开关	JWM6-11		1	门控
SA1	万能转换开关	LW6-2/8071		1	液压分配开关
HL1	指示灯	XD1	6V、白色	1	电源指示
HL2	指示灯	XD1	6V	1	主轴指示
EL	钻床工作灯	JC-25	40W、24V	1	钻床照明

四、Z3040 型摇臂钻床常见电气故障的分析与检修

在检修摇臂钻床时，应特别注意正确控制摇臂升降电动机的电源相序，如果电源相序不对，操作时，电动机旋转方向改变，则使 SQ1a（或 SQ1b）开关失去保护作用。

Z3040 型摇臂钻床电气控制的特殊环节是摇臂升降、立柱和主轴箱的夹紧与松开。其工作过程是由电气、机械以及液压系统的紧密配合实现的，因此在维修中不仅要注意电气部分能否正常工作，而且也要注意它与机械和液压部分的协调关系。

1. 各台电动机均不能起动

当发现该机床的所有电动机都不能正常起动时，一般可以断定故障发生在电气控制电路的公用部分。可按下面步骤来检查：

1）在电气箱内检查从汇流环 YG 引入电气控制箱的三相电源是否正常，如发现三相电源有断相或其他故障现象，则应在立柱下端配电盘处，检查引入机床电源断路器 QF1 处的电源是否正常，并查看汇流环 YG 的接触点是否良好。

2）检查熔断器 FU1 的熔体是否熔断。

3）控制变压器 TC 的一、二次绕组的电压是否正常，如一次绕组的电压不正常，则应检查变压器的接线有否松动；如果一次绕组组两端的电压正常，而二次绕组电压不正常，则应检查变压器输出 110V 端绕组是否断路或短路。

如上述检查都正常，则可依次检查热继电器 FR1、FR2 的常闭触头；SB1、SB2 的常闭触头；线圈连接线的接触是否良好，有无断路故障等。

2. 主轴电动机 M1 的故障

（1）主轴电动机 M1 不能起动　若接触器 KM1 已获电吸合，但主轴电动机 M1 仍不能起动旋转。可检查接触器 KM1 的三对主触头接触是否正常，连接电动机的导线有否脱落或松动。若接触器 KM1 不动作，则首先检查熔断器 FU1 的熔体是否熔断，然后检查热继电器 FR1 是否动作，其常闭触头的接触是否良好，接触器 KM1 的线圈接线头有否松脱；有时由于供电电压过低，使接触器 KM1 不能吸合。

（2）主轴电动机 M1 不能停止　若按下 SB2 按钮时，主轴电动机 M1 仍不能停转，故障多半是由于接触器 KM1 的主触头发生熔焊所造成的，此时应立即断开低压断路器 QF1，才能使电动机 M1 停转，已熔焊的主触头需要更换和处理；同时必须找出发生触头熔焊的原因，彻底排除故障后才能重新起动电动机。

3. 摇臂升降运动的故障

Z3040 型摇臂钻床的升降运动是借助电气、机械传动的紧密配合来实现的。因此在检修时既要注意电气控制部分，又要注意机械部分的协调。

（1）摇臂升降电动机 M2 的某个方向不能起动　电动机 M2 只有

一个方向能正常运转，这一故障一般是出在该故障方向的控制电路或供给电动机 M2 电源的接触器上。例如：电动机 M2 带动摇臂上升方向有故障时，接触器 KM2 不吸合，此时可依次检查位置开关 SQ1a 的常闭触头、SQ2 触头、接触器 KM3 的联锁触头以及接触器 KM2 的线圈和连接导线等有否断路故障；若接触器 KM2 能动作吸合，则应检查其主触头的接触是否良好。

（2）摇臂不能升降　由摇臂升降过程可知，升降电动机 M2 旋转，带动摇臂升降，其条件是使摇臂从立柱上完全松开后，活塞杆压合位置开关 SQ2。所以发生故障时，应首先检查位置开关 SQ2 是否动作，如果 SQ2 不动作，常见故障是 SQ2 的安装位置移动或已损坏。这样，摇臂虽已放松，但活塞杆压不上 SQ2，摇臂就不能升降。有时，液压系统发生故障，使摇臂放松不够，也会压不上 SQ2，使摇臂不能运动。由此可见，SQ2 的位置非常重要，排除故障时，应配合机械、液压调整好后紧固。

另外，电动机 M3 电源相序接反时，按上升按钮 SB4（或下降按钮 SB5），M3 反转，使摇臂夹紧，压不上 SQ2，摇臂也就不能升降。所以，在钻床大修或安装后，一定要检查电源相序。

（3）摇臂升降后，摇臂夹不紧　由摇臂夹紧的动作过程可知，夹紧动作的结束是由位置开关 SQ3 来完成的，如果 SQ3 动作过早，将导致 M3 尚未充分夹紧就停转。常见的故障原因是 SQ3 安装位置不合适、固定螺钉松动造成 SQ3 移位，使 SQ3 在摇臂夹紧动作未完成时就被压上，切断了 KM5 回路，使 M3 停转。

排除故障时，首先判断是液压系统的故障（如活塞杆阀芯卡死或油路堵塞造成的夹紧力不够），还是电气系统故障。对电气方面的故障，应重新调整 SQ3 的动作距离，固定好螺钉即可。

（4）立柱、主轴箱不能夹紧或松开　立柱、主轴箱不能夹紧或松开的可能原因是油路堵塞、接触器 KM4 或 KM5 不能吸合所致。出现故障时，应检查按钮 SB6、SB7 接线情况是否良好。若接触器 KM4 或 KM5 能吸合，M3 能运转，可排除电气方面的故障，则应请液压、机械修理人员检修油路，以确定是否是油路故障。

（5）摇臂上升或下降限位保护开关失灵　组合开关 SQ1 的失灵

分两种情况：一是组合开关 SQ1 损坏，SQ1 触头不能因开关动作而闭合或接触不良使电路断开，由此使摇臂不能上升或下降；二是组合开关 SQ1 不能动作，触头熔焊，使电路始终处于接通状态，当摇臂上升或下降到极限位置后，摇臂升降电动机 M2 发生堵转，这时应立即松开 SB4 或 SB5。根据上述情况进行分析，找出故障原因，更换或修理失灵的组合开关 SQ1 即可。

（6）按下 SB6 立柱、主轴箱能夹紧，但释放后就松开　由于立柱、主轴箱的夹紧和松开机构都采用机械菱形块结构，所以这种故障多为机械原因造成的。可能是菱形块和承压块的角度方向装错，或者距离不合适，也可能因夹紧力调得太大或夹紧液压系统压力不够导致菱形块立不起来。此时，可找机修钳工配合检修。

复习思考题

1. 对于一般机械设备，进行故障检修时应遵循什么步骤？

2. 使用万用表"交流电压"挡检查和判断设备故障时，应注意哪些问题？

3. CA6140 型车床电气控制电路的主电路有哪些控制特点？

4. 试分析 CA6140 型车床开机后按下停止按钮不能停机的原因。

5. CA6140 型车床的电气控制箱开门断电功能是如何实现的？

6. 平面磨床中使用电磁吸盘固定工件有何有缺点？

7. M7130 型磨床电磁吸盘吸力不足会造成什么后果？吸力不足的原因有哪些？

8. M7130 型磨床的电气控制是由几台电动机完成拖动的？各电动机有什么作用？

9. 平面磨床电磁吸盘的电路保护是怎样完成的？

10. Z3040 型摇臂钻床的电力拖动方式和控制要求有哪些？

11. Z3040 型钻床的电气控制是由几台电动机完成拖动的？各电动机有什么作用？

12. Z3040 型钻床的主运动和进给运动形式是什么？

13. Z3040 型钻床的摇臂不能实现升降控制，试分析原因。

第五章

电子技术和电力电子技术

培训目标 了解常用电子电路的基本原理；熟悉常用电子器件的基本特性；掌握典型电子电路的安装与调试方法。

第一节 模拟电子电路的安装与调试

一、单相桥式整流滤波电路的安装与调试

1. 电路组成

应用二极管的单向导电性，可以把交流电变为直流电，称为整流。整流后的直流电脉动很大，往往还需将脉动直流再经电阻器、电容器或电感组成的滤波器进行滤波，从而得到比较平稳的直流电压。电路由变压器、桥式整流器、电容滤波器三部分构成，如图5-1所示。

2. 仪器仪表

万用表一台，示波器一台。

3. 安装

1）按电路要求选择电源变压器、整流二极管、滤波电容器及电阻器，并用万用表逐一进行测试。

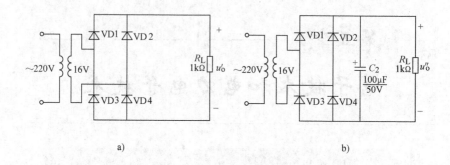

a)   b)

图 5-1　单相桥式整流滤波电路

a）桥式整流电路　b）整流滤波电路

2）将挑选出的电器组件，根据元器件参数及标注极性焊接到电路板上。

4. 调试

1）用万用表交流电压挡测试变压器二次电压应为 16V。

2）用万用表直流电压挡测量桥式整流输出电压的直流分量 U'。

3）用示波器分别观察变压器输出电压 u_2 和桥式整流输出电压 u'_o 的波形（注意：此时不能用双踪示波器同时观察这两个波形）。

4）用示波器观察滤波后输出电压的波形。

5. 注意事项

1）示波器输入端应采用"直流耦合"方式，才能完整正确地观察被测试信号。当需仔细观察锯齿波波形时，应暂时采用交流耦合方式并将波形放大。

2）安装滤波电容时，"＋"、"－"极不能接错。否则会造成短路。

二、串联型可调稳压电源的安装与调试

1. 电路

串联型可调稳压电源电路如图 5-2 所示。

2. 电路工作原理分析

图 5-2 中 VD1 ~ VD4 是整流电路部分。C_1 为滤波电容。R_3、RP、R_4 组成取样电路，取出电压变动量的一部分，送给晶体管 VT3

的基极。R_2 与稳压管 VS 为 VT3 的发射极提供一个基本稳定的直流参考电压。R_4 与 VT3 将取样电路送来的输出电压变动量与基准电压进行比较，放大后，再去控制调整管。调整管由复合管 VT1、VT2组成，它受比较放大部分输出电压的控制，自动调整管压降的大小，以保证输出电压稳定不变。图中当 RP 的滑臂向上滑动时，相当于减小 R_3'，增大 R_4'，输出电压下降；反之，当 RP 的滑臂向下滑动时，输出电压上升。当然，可调范围是有限的，因为当 R_3' 过小就会使 VT3 饱和；R_4' 过大又会使 VT3 截止，所以 R_3' 过小及 R_4' 过大都会导致稳压电路失控。

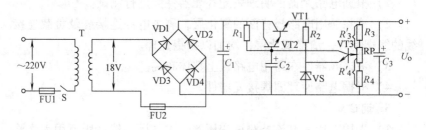

图 5-2　串联型可调稳压电源电路

3. 元器件选择

电路元器件明细见表 5-1。

表 5-1　电路元器件明细（一）

符　号	名　称	型号及参数	件　数
S	电源开关		1
T	变压器	BK50 220V/380V	1
FU1、FU2	熔断器	BX0.4A	1
VD1 ~ VD4	二极管	2CZ11K	4
VS	稳压管	2CW56	1
VT1	晶体管	3CG12	1
VT2、VT3	晶体管	3DG6	2
C_1	电容器	100μF/50V	1
C_2	电容器	10μF/50V	1

（续）

符　号	名　　称	型号及参数	件　数
C_3	电容器	500μF/50V	1
R_1、R_2	电阻	1kΩ	1
R_3	电阻	510Ω	1
R_4	电阻	300Ω	1
RP	电位器	470Ω～1kΩ	1

4. 安装

1）根据电路元器件明细表配齐元器件并进行测试。

2）清除通用电路板背面的氧化层，剥去电源连接线及负载连接线的线端绝缘，清除氧化层，均加以搪锡处理。

3）考虑元器件在通用电路板上整体布局。

4）根据电路原理图焊接元器件。

5. 调试

1）先用万用表交流挡测试变压器二次电压，然后用万用表直流挡测试电容器 C_1 两端的电压，应为 22V 左右，接着再测量稳压管 VS 两端的电压，应为 7V 左右，最后测量输出电压，应为 12V 可调。

调节电位器 RP，以使输出端电压 U_o 在一定范围内变化，即 12V 可调。用万用表直流 50V 挡测试输出电压。将 RP 向上调节时，输出电压会随着变化，调至极限位置时，输出端电压约为 14V；将 RP 向下调节时，输出端电压会随之变小，调至极限位置时，输出端电压约为 10V。

2）故障检查

① 电容器 C_1 两端电压与正常值有很大的偏差，若为 16V 左右，则可能是 C_1 脱焊或断路；若为 8V 左右，则可能是在 C_1 脱焊或断路的情况下，整流桥中有某一只二极管脱焊或断路。

② 如果 C_1 两端电压正常，VT1 发射极与集电极之间的电压 U_{CE} 与 C_1 两端电压相等，呈截止状态特征；或者 U_{BE} 很小，呈饱和状态特征。出现上述现象很可能是调整管已损坏。

③ 测量稳压管 VS 两端电压应为 7V。若稳压管 VS 两端电压为

0，可能是稳压管接反或击穿。

④ 旋动电位器 RP，若输出电压没有变化，则应检查 RP 是否已损坏。

6. 注意事项

1）二极管、电解电容器应正向连接；稳压管应反向连接；晶体管的 B、C、E 三个极不可接错。

2）不可出现虚、假焊接与漏焊现象。

3）测量电压时，必须选择适当的量程而且注意交流与直流的区别，测直流时正、负极性不能接错。

三、集成放大电路的安装与调试

如图 5-3 所示，该电路是使用低频放大电路将拾取的音频信号进行放大的装置。传统的由分立元器件组成的低频放大电路，已被性能优良的集成电路所取代。低频放大电路是电子电路应用较广泛的电路之一。

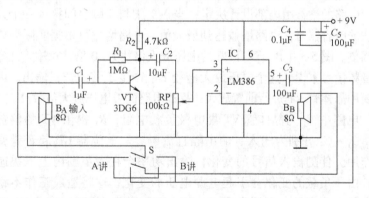

图 5-3　集成放大电路

1. 工作原理

集成电路（IC）按其功能，分为模拟集成电路和数字集成电路两大类，本电路采用的 LM386 是一种模拟集成电路，它具有音频功率放大的功能，其外形封装为双列直插式，属于塑封类集成电路，其引脚排列方式如图 5-4 所示。

LM386 是美国国家半导体公司系列功放集成电路中的一个品种，

因其具有功耗低、工作电源电压范围宽、外围组件少和装置调整方便等优点，广泛应用于通信设备、收录音机、电子琴和各类电子设备中，其典型电参数如下：工作电压范围 $4 \sim 12V$，静态电流 4mA，输出功率 660mW（最大），电压增益为 46dB（最大），带宽 300kHz，谐波失真 0.2%，输入阻抗 $50k\Omega$，输入偏置电流 250mA。

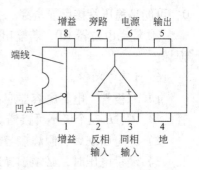

图 5-4　LM386 外形引脚

该电路有同相、反相两个输入端，即：从 5 脚输出电压信号的极性与 3 脚（同相端）输入信号的极性相同，而与 2 脚（反相端）输入信号的极性相反。这两种输入形式单从声音上是听不出差别的，无论哪一种输入，电路都一样工作。1 脚与 8 脚为增益调整，当两脚悬空时，电路的增益由内部设计决定；当在 1 脚与 8 脚之间接入一个几十微法的电容器时，电路增益达到最大值。电路增益可根据实际需要进行调整。图 5-3 中由于 LM386 的电压放大倍数为 20 倍，对输入几毫伏的音频信号来说，这个电压放大倍数不能产生足够的音量输出。因而需要用晶体管 VT 进行前置放大，提高电路的总电压放大倍数。

电路中 R_2 为晶体管 VT 集电极负载电阻，R_1 提供 VT 的偏置电流，$C_1 \sim C_3$ 分别为输入、输出隔直流电容。电位器 RP 起音量调节的作用。伴随输入信号的变化，输出功率会在大范围内上下快速波动，由于负载的变化会引起电源电压的变化，这将造成工作不稳定和电气性能变坏，利用电容 C_4、C_5 两端电压不能瞬时跃变的特点，就可以防止这类现象的发生。电容 C_4、C_5 称为去耦电容，由于电解电容等效电感较大，$100\mu F$ 电解电容 C_5 对高频信号的滤波效果不好，故采用小电容 C_4 与之并联，提高对信号的滤波效果。双刀双掷开关 S 用于转换扬声器 B_A 和 B_B 分别为听、讲的工作状态。

此放大器也适合在其他输入信号低的场合使用，如前置放大与话筒组成小型放大器等，应用时注意过高的电平信号将使输入级过载造成严重失真。

2. 元器件选择

电路元器件明细见表 5-2。

表 5-2　电路元器件明细（二）

名　　称	符　　号	型　　号
功率放大集成电路	IC	LM386
NPN 型小功率晶体管	VT	3DG6
小型碳膜电位器	RP	100kΩ
1/8W 碳膜电阻器	R_1	1MΩ
1/8W 碳膜电阻器	R_2	4.7MΩ
铝电解电容器	C_1	1μF/16V
铝电解电容器	C_2	10μF/16V
铝电解电容器	C_3，C_5	100μF/16V
涤纶或瓷介质电容器	C_4	0.1μF/63V
电动式扬声器	B_A，B_B	8Ω
双刀双掷开关	S	2×2

3. 安装与调试

1）按图 5-3 所示电路进行组装。

2）根据外观辨认晶体管的管脚和极性，用万用表检测验证后，在面包板上组装由晶体管构成的前置放大器。

3）组装 LM386 集成电路，由于 LM386 是所有音频功率放大集成电路中使用最简便的一种，只要电路组装正确，无需调试即可使用。

4）在输入端加入一个音频信号（频率为 50～500Hz，电压为几十毫伏），即可在扬声器中发出音响。调节电位器 RP 输出强度将随之变化。

5）将双刀双掷开关 S 分别置于扬声器听、讲两种工作状态，模拟有线对讲机来检验电路的放大效果。

167

第二节　数字电路的安装与调试

一、集成芯片的识别与测试

1. 集成电路的分类

集成电路按其结构和工艺方法不同，可以分成半导体集成电路、薄膜集成电路、厚膜集成电路和混合集成电路。其中发展最快、品种最多、产量最大、应用最广的是半导体集成电路。

半导体集成电路的分类，见表 5-3。

表 5-3   半导体集成电路的分类

按功能分类	数字集成电路	门电路	与门、或门、非门、与非门、或非门、与或非门、异或门
		触发器	RS 触发器、JK 触发器、D 触发器、锁定触发器等
		存储器	随机存储器（RAM）、只读存储器（ROM）、移位寄存器等
		功能部件	译码器、数据选择器、磁心驱动器、半加器、全加器、奇偶校验器等
		微处理器	
	模拟集成电路	线性电路	直流运算放大器、通用运算放大器、音频放大器、高频放大器、宽频放大器等
		非线性电路	电压比较器、直流稳压源、读出放大器、模/数变换器、模拟乘法器、晶闸管触发器等
按有源器件分类	双极型		DTL：二极管-晶体管逻辑电路 TTL：晶体管-晶体管逻辑电路 HTL：高抗干扰逻辑电路 ECL：射极耦合逻辑电路 I^2L：集成注入逻辑电路
	MOS 型（单极性）		PMOS：P 沟道增强型绝缘栅场效应晶体管集成电路 NMOS：N 沟道增强型绝缘栅场效应晶体管集成电路 CMOS：互补对称型绝缘栅场效应晶体管集成电路
	BiMOS 型		BiPMOS：双极与 PMOS 兼容集成电路 BiNMOS：双极与 NMOS 兼容集成电路 BiCMOS：双极与 CMOS 兼容集成电路
按规模分类	小规模（SSI）		1 ~ 10 个等效门/片，10 ~ 100 个等效门/片
	中规模（MSI）		10 ~ 100 个等效门/片，10^2 ~ 10^3 个等效门/片
	大规模（LSI）		大于 10^2 个等效门/片，组件数在 10^3 个以上等效门/片
	超大规模（VLSI）		组件数超过 10 万个以上等效门/片，ECL 超过 2 万以上等效门/片
	特大规模（ULSI）		组件数超过 10^7 万个以上等效门/片

2. 集成电路的型号命名

根据国家标准《半导体集成电路型号命名方法》的规定，半导体集成电路的型号命名由 5 部分组成，其组成部分的符号及意义见表5-4。

表5-4 半导体集成电路的型号命名

第一部分		第二部分		第三部分	第四部分		第五部分	
用字母表示器件符号（国标标准）		用字母表示器件的类型		用阿拉伯数字表示器件的系列和品种代号	用字母表示器件的工作温度范围		用字母表示器件的封装	
符号	意义	符号	意义		符号	意义	符号	意义
C	中国国标产品	T	TTL 电路	由 3 位阿拉伯数字表示（001 ~ 999）①	C G L E R M	0 ~ 70℃ −25 ~ 70℃ −25 ~ 85℃ −40 ~ 85℃ −55 ~ 85℃ −55 ~ 125℃	F	多层陶瓷扁平
		H	HTL 电路				B	塑料扁平
		E	ECL 电路				D	陶瓷双列直插
		C	CMOS 电路				P	塑料双列直插
		F	线性放大器				J	黑瓷双列直插
		D	音响、电视电路				K	金属菱形
		W	稳压器				T	金属圆形
		J	接口电路				C	陶瓷芯片载体
		B	非线性电路				E	塑料芯片载体
		M	存储器				H	黑瓷扁平
		μ	微型机电路				G	网格针栅阵列
		AD	A/D 转换器				SOI	小引线封装
		DA	D/A 转换器					
		SC	通信专用电路					
		SS	敏感电路					

①其中 TTL 分为：54/74××× 国际通用系列、54/74H××× 高速系列、54/74L×××低功耗系列、54/74S××× 肖特基系列、54/74LS××× 低功耗肖特基系列、54/74AS××× 先进肖特基系列、54/74ALS××× 先进低功耗肖特基系列、54/74F×××高速系列。CMOS 分为：4000 系列；54/74HC××× 高速 CMOS，有缓冲输出级，输入输出为 CMOS 电平；54/74HCT××× 高速 CMOS，有缓冲输出级，输入TTL 电平，输出 CMOS 电平；54/74HCU××× 高速 CMOS，不带输出缓冲级；4/74AC××× 改进型高速 CMOS；4/74ACT××× 改进型高速 CMOS，输入 TTL 电平，输出 CMOS 电平。

169

3. 集成电路的封装与引脚识别

（1）封装　集成电路的封装可分为：圆形金属外壳封装、扁平形陶瓷封装、塑料外壳封装、陶瓷和塑料双列直插封装、单列直插封装等，如图 5-5 所示。其中单列直插、双列直插集成电路较常见。陶瓷封装散热性能差、体积小、成本低。金属封装具有散热性能好，可靠性高，但安装不方便，成本高。塑封的最大特点是工艺简单、成本低，因而被广泛使用。

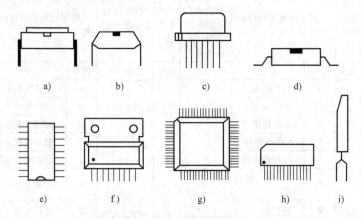

图 5-5　集成电路封装图示

a）陶瓷双列封装　b）塑料双列封装　c）金属圆形封装　d）塑料小外形双列封装
e）陶瓷熔封扁平封装　f）塑料带散热片单列封装　g）塑料四面引线扁平封装
h）塑料单列封装　i）塑料"z"形引线封装

（2）引脚　集成电路引出脚排列顺序的标志一般有色点、凹槽、管键及封装时压出的圆形标志。对于双列直插集成块，引脚识别方法是：将集成电路水平放置，引脚向下，标志朝左边，左下角第一个引脚为 1 脚，然后按逆时针方向数，依次为 2、3、…，如图 5-6 所示。

对于单列直插集成电路也让引出脚向下，标志朝左边，从左下角第一个引出脚到最后一个引出脚依次为 1、2、3、…。

4. 集成电路的使用常识

集成电路是一种结构复杂、功能多、体积小、价格贵、安装与拆卸麻烦的电子器件，在选购、检测和使用中应十分小心。

1）集成电路在使用时不允许超过极限参数。

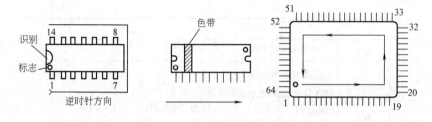

图 5-6 集成电路引出脚排列识别

2）集成电路内部包括几千甚至上万个 PN 结。因此，它对工作温度敏感，环境温度过高或过低，都不利于其正常工作。

3）在手工焊接集成电路时，不得使用功率大于 45W 的电烙铁，连续焊接时间不应超过 10s。

4）MOS 集成电路要防止静电感应击穿。焊接时要保证电烙铁外壳可靠接地，若无接地线可将电烙铁拔下，利用余热进行焊接。

5）数字集成电路型号的互换：数字集成电路绝大部分有国际通用型，只要后面的阿拉伯数字对应相同即可互换。

5. 数字集成电路使用注意事项

表 5-5 以 TTL 集成电路和 CMOS 集成电路为例，说明在使用它们时的注意事项。

表 5-5 使用 TTL、CMOS 集成电路的注意事项

		TTL	CMOS
电源规则	范围	$+4.75V < V_{CC}$ $< +5.5V$	$V_{min} < V_{DD} < V_{max}$ 考虑到瞬间变化，应保持在绝对的最大极限电源电压范围内。例如：CC4000B 系列的电源电压范围为 3～18V，而推荐使用的 V_{CC} 为 4～15V
	注意事项		① 电源和地的极性千万不能颠倒接错，否则过大的电流将造成器件损坏 ② 电源接地时，不可移动、插入、拔出或焊接集成电路器件，否则会造成永久性损坏 ③ 对 H-CMOS 器件，电源引脚的交流高、低频去耦要加强，几乎每个 H-CMOS 器件都要加上 0.01～0.1μF 的电源去耦电容

（续）

		TTL	CMOS
输入规则	幅度	$-0.5V \leqslant V_i \leqslant +5V$	$V_{SS} \leqslant V_i \leqslant V_{DD}$
	边沿	① 组合逻辑电路 V_i 的边沿变化速度小于 100ns/V ② 时序逻辑电路 V_i 边沿变化速度小于 50ns/V	一般的 CMOS 器件：$t_r(t_f) \leqslant 15ns$ H-CMOS 器件：$t_r(t_f) \leqslant 0.5ns$
	多余输入端的处理	① 多余输入端最好不要悬空，根据逻辑关系的需要作相应处理 ② 触发器的不使用端不得悬空，应按逻辑功能接入相应的电平	① 多余输入端绝对不可悬空，即使同一片未被使用但已接通电源的 CMOS 电路的所有输入端均不可悬空，都应根据逻辑功能作处理 ② 作振荡器或单稳态电路时，输入端必须串入电阻用以限流
输出规则		① 输出端不允许与电源或地发生短路 ② 输出端不允许"线与"，即不允许输出端并联使用。只有 TTL 集成电路中三态或集成电极开路输出结构的电路可以并联使用 ③ TTL 集电极开路的电路"线与"时，应在其公共输出端加接一个预先算好的上拉负载电阻到 V_{CC}	
操作规则	电路存放	存放在温度 10~40℃干燥通风的容器中，不允许有腐蚀性气体进入。存放 CMOS 电路要屏蔽；一般存放在金属容器内，也可用金属箔将脚短路	
	电源和信号源的加入	开机时先接通电路板电源，后开信号源；关机时先关信号源，后关电路板电源。尤其是 CMOS 电路未接通电源时，不允许有输入信号加入	

二、智力抢答器的安装与调试

1. 电路分析

图5-7 所示为电子抢答器电路，主持人闭合 S 抢答开关。假定轻触开关 SB3 先按下，则晶闸管 VT3 触发导通指示灯 HL3 亮，振荡器工作，扬声器发声，表示持 SB3 按钮者获优先抢答权。由于 VD1、VD2 导通，使电路中 A、B 两点电位很接近。此时其他按钮再按下，

已没有足够的触发电压使未导通的晶闸管导通，即其他指示灯不会再亮。当主持人断开 S，再闭合，即可进行下一轮抢答。

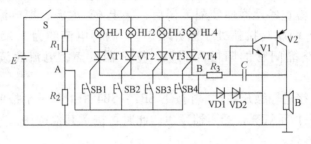

图 5-7　电子抢答器电路

2. 元器件选择

电子抢答器电路元器件明细见表 5-6。

表 5-6　电子抢答器电路元器件明细

元器件名称	符　号	型号与参数	数　量
二极管	VD1、VD2	IN4001	2
晶体管	V1	9011	1
晶体管	V2	3AX31	1
晶闸管	VT1 ~ VT4	MCR100-6	4
电阻	R_1	3kΩ	1
电阻	R_2	2kΩ	1
电阻	R_3	20kΩ	1
涤纶电容器	C	0.1μF	1
指示灯	HL1 ~ HL4	0.3A、2.5V	4
扬声器	B	8Ω	1
按钮	SB1 ~ SB4		1
轻触开关	S		4
电池	E	1.5V	4
安装线			
印制电路板			

3．安装与调试

1）按图 5-7 正确安装各元器件，选用元器件时可参考表 5-6。

2）检查各元器件装配无误后，接上 6V 电源，把电流表串接在按钮 S 两端（按钮处于断开状态），测得电流约为 1.25mA，用镊子短路晶闸管的阳极和阴极，扬声器发声，电流表读数约为 175mA。

3）接通轻触开关 S，并按下 SB1～SB4 中的某一个按钮，相对应的一只指示灯亮，扬声器发声。此时再按下其他按钮，其他指示灯不会再亮。

4）断开轻触开关 S，再闭合，检查其他按钮和指示灯、晶闸管是否正常。电路中晶闸管、指示灯可根据实际情况进行增减。

三、计数、译码和显示电路的安装与调试

1．原理分析

计数、译码电路属于时序电路，它们由触发器和门电路组成（或集成块：TTL、CMOS），其特点是任一时刻的输出信号（状态），不仅取决于该时刻的输入信号，还取决于该电路的原始状态。它和组合逻辑电路所不同的是它具有记忆功能。

计数器是实现计数功能的时序电路，不仅可用来计脉冲数，而且还常用来实现数字系统的定时、分频、数字运算及其他特定的逻辑功能。常用的有 74LS90、T210、C180 等。

译码器是将计数器中的逻辑代码信息，翻译为另一种逻辑代码，以便控制其他部件，如显示器、显示计数器中的数字就需要通过译码器才能显示出来，如 74LS48、T338、C305 等是这种译码器集成组件。

显示器是接收译码器的输出信号，并显示出来。LC30、13S201、BT201、YSB-3 等便是数码显示管。

2．器件选择

（1）计数单元　74LS90 计数器是由四组 JK 触发器按 8421 码或 5421 码的反馈形式构成的十进制计数器，如图 5-8 所示。

74LS90 计数器管脚示意图如图 5-9 所示。

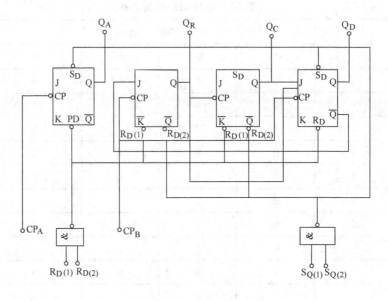

图 5-8　十进制计数器

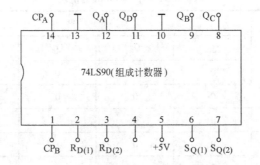

图 5-9　74LS90 计数器管脚示意图

当 Q_A 与 CP_B 相连，CP_A 输入单脉冲，管脚 2、3、6、7、10、13 接地时，则组成 8421 码十进制计数器，其真值表见表 5-7。

当 Q_D 与 CP_A 相连，CP_B 输入单脉冲，管脚 2、3、6、7、10、13 接地时，则组成 5421 码十进制计数器，其真值表见表 5-8。

根据图 5-8 所示计数器的逻辑图，验证表 5-7 和表 5-8。

175

表 5-7　8421 码计数真值表

计　数	输　出			
	Q_D	Q_C	Q_B	Q_A
0	0	0	0	0
1	0	0	0	1
2	0	0	1	0
3	0	0	1	1
4	0	1	0	0
5	0	1	0	1
6	0	1	1	0
7	0	1	1	1
8	1	0	0	0
9	1	0	0	1

表 5-8　5421 码计数真值表

计　数	输　出			
	Q_D	Q_C	Q_B	Q_A
0	0	0	0	0
1	0	0	0	1
2	0	0	1	0
3	0	0	1	1
4	0	1	0	0
5	1	0	0	0
6	1	0	0	1
7	1	0	1	0
8	1	0	1	1
9	1	0	0	0

（2）译码显示单元　译码就是将给定的代码"翻译"成相应的状态。本电路用 74LS48 BCD 七段译码器和 LC30 七段数码管。它们的管脚示意图分别如图 5-10 和图 5-11 所示。

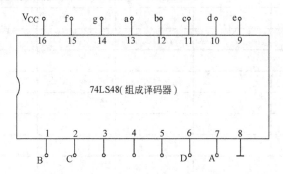

图 5-10　74LS48 译码器管脚示意图

74LS48 BCD 七段译码器仅用作译码时，管脚 3、4、5 端悬空，A、B、C、D 为译码器的 4 个输入端，a～g 各管脚为译码器的 7 个输出端。

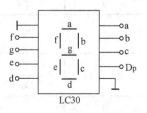

图 5-11　LC30 数码管
管脚示意图

当 74LS90 计数器的 4 个输出端与 74LS48 译码器输入端相接，而译码器的 7 个输出端（a～g）与 LC30 七段数码管相接后，在 CP 脉冲作用下，可以从数码管上清楚地观察到 0～9 的十个数字。

（3）数码显示器　电路板/LC30 数码管组件一套。

3. 安装与调试

根据计数器、译码器和数码管的管脚示意图，把它们安装到电路板上并逐一进行调试。

1）用 74LS90 组件按 8421 码接成十进制计数器，4 个输出端 Q_A、Q_B、Q_C、Q_D 分别接到电路板的 4 个电平指示灯上。CP 端输入单脉冲，验证其计数功能，并记入到表 5-9 中。

2）用 74LS90 组件按 5421 码接成十进制计数器，观察电平指示灯的显示规律，并记入到表 5-10 中。

177

表 5-9 8421 码状态表

计 数	输 出			
	Q_D	Q_C	Q_B	Q_A
0				
1				
2				
3				
4				
5				
6				
7				
8				
9				

表 5-10 5421 码状态表

计 数	输 出			
	Q_A	Q_D	Q_C	Q_B
0				
1				
2				
3				
4				
5				
6				
7				
8				
9				

3）将 74LS90 译码器的 7 个输出端（a～g）分别接到数码显示器上，译码器的 4 个输入端（A～D）分别接到 4 个逻辑开关上，有规律地拨动逻辑开关，根据指示灯的亮暗规律，验证译码器的逻辑

功能。

4）将 74LS90 组成的计数器，74LS48 组成的译码器和 LC30 七段数码管相连，计数器"清零"后，CP 端分别接在单次或连续脉冲上，观察数码管的数字变化规律，以验证整个逻辑电路的功能。

4. 仪器设备

（1）逻辑实验机　一台。

（2）示波器　一台。

5. 注意事项

（1）通电前检查　首先仔细检查电路各部分接线是否正确，检查电源、地线、信号线元器件引脚之间有无短路，器件有无接错。

（2）通电检查　接入电路所要求的电源电压，通电调试。观察电路中各部分器件有无异常现象，如果出现异常现象，应立即关断电源，待排除故障后方可重新通电。

（3）单元电路调试　调试顺序按信号的流向进行，这样可以把前面调试过的输出信号作为后一级的输入信号，为最后的整机联调创造条件。通过调试掌握必要的数据、波形、现象，然后对电路进行分析、判断，排除故障，完成调试要求。

（4）整机联调　整机联调时主要观察动态结果，检查电路的性能和参数，分析测量的数据和波形是否符合设计要求，对发现的故障和问题及时采取处理措施。

四、步进电动机转速控制电路的安装与调试

1. 工作原理

由步进电动机的使用可知，欲使其正转，三相接 U→V→W→U 顺相序轮换接通脉冲直流电，若按 U→W→V→U 逆相序轮换通电，则就反转；欲改变其转速，只要改变脉冲频率 f。这是单相通电方式（又称为单三相方式）。两相同时通电的，则称双三拍方式。还可以单相、双相交替通电的，称为三相六拍供电方式。

正转通电顺序：U→UV→V→VW→W→WU→……

反转通电顺序：U→UW→W→WV→V→VU→……

不管几拍，都需要按一定的顺序使步进电动机的各相绕组轮换

供电，实现"通"、"断"控制，利用环形分配器就可以达到这一目的。

图 5-12 所示为环形分配器控制步进电动机的驱动框图。

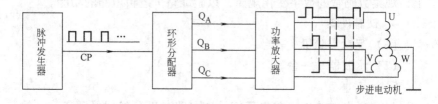

图 5-12　环形分配器控制步进电动机的驱动框图

环形分配器需要根据步进电动机的相数、拍数及通电方式等要求进行设计。图 5-13 所示为单三拍方式步进电动机的环形分配器控制与驱动电路。

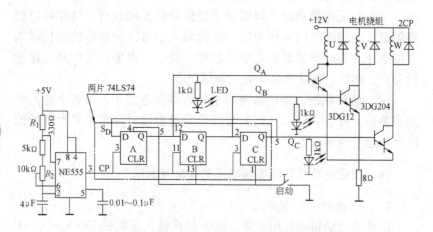

图 5-13　步进电动机的环形分配器控制与驱动电路

图 5-13 中的 NE555 为方波发生器，3 端可连续输出方波脉冲 CP，调节 R_2，可改变脉冲频率 f。

A、B、C 为 3 个 D 触发器，CLR 端为清零端，此端加入低电平（0V）时，可使 Q 端为低电平，Q 端为高电平（3V）。Q 端为低电时，称 D 触发器为 0 状态，SD 端为置 1 端，该端输入低电平，将使 Q 端变成高电平（即置"1"状态）。CP 端将引入连续方脉冲信号。

若 Q = 0，D = 1，则 CP = 1 时，Q 端变为高电平，即 Q = 1；若 Q = 1，D = 0，则 CP = 1 时，Q 端变为低电平，即 Q = 0；若 Q = 1，D = 1 时，则 CP = 1 时，Q 不变，仍为 Q = 1。这是 D 触发器特点之一。这就是：它的输出端 Q 的状态跟输入端 D 的状态变化而变化，但总比输入状态的变化晚一步（即 $Q_{n+1} = D_n$）。这 3 个 D 触发器用两片 74LS74 集成电路代替（每片有两个 D 触发器）。其管脚如图 5-14 所示。

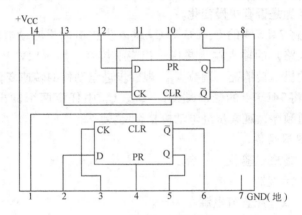

图 5-14　74LS74 组件的管脚

图 5-14 中的 CLR 为清零端，CK 为时钟脉冲输入端，PR 为置 1 端。

图 5-13 中，接通电源后，按下起动按钮，将使 Q_A 成为高电平，Q_B 和 Q_C 成为低电平，在连续脉冲作用下，可按单三拍方式输出脉冲。

三相脉冲 Q_A、Q_B、Q_C 分别推动 3 个复合管，这 3 个复合管的集电极和步进电动机的三相绕组 U、V、W 串接，与绕组并联的二极管为续流二极管，这样，步进电动机就能运转起来。

2．安装与调试

1）根据图 5-13 所示步进电动机转速控制电路的结构及器件参数要求（步进电动机/驱动箱、集成组件 NE555 一片、74LS74 两片），选择并安装。

2）按图5-13所示进行接线，待检查无误后，进行下述测试过程（注意多余的D触发器应保护处理）。

3）将方波发生器（NE555）接上 +5V 电源，用示波器观察方波及其频率 f；改变 R_2，观察 f 的变化情况。

4）将环形分配器的3个输出端 Q_A、Q_B、Q_C 分别接上发光二极管 LED（注意：应通过 1kΩ 电阻），接上电源 +5V，输入方波，观察 LED 是否依次点亮；调节 R_2，改变输入方波的频率，观察发光二极管，点亮是否有快慢变化。

5）将 74LS74 的 Q_A、Q_B、Q_C 接入步进电动机驱动电路（复合管功放电路）的输入端，并将三相绕组接好，加 +12V 电源，观察步进电动机运转情况。调节 R_2，观察步进电动机的转速变化。

6）将 74LS74 的输出端 Q_A、Q_B、Q_C 中任意两个输出端对调，改变导通顺序，观察步进电动机是否反转。

3. 仪器设备

（1）逻辑试验仪　一台。

（2）示波器　一台。

（3）双稳压直流电源　一台。

4. 注意事项

同"计数、译码和显示电路的安装与调试"相关内容。

五、数字秒表电路的安装与调试

1. 电路组成

数字秒表电路如图5-15所示。图中 5G1555 接成多谐振荡器，产生 50Hz 的脉冲信号作为时钟脉冲。集成计数电路 T210 接成五进制计数器，它对由 5G1555 多谐振荡器产生的 50Hz 时钟脉冲进行计数，逢五进一。因此，它是产生一个周期 0.1s 的时钟脉冲。由"与非"门 1、2 构成的 RS 触发器，作为此秒表启停开关。"与非"门 3、4 构成微分单稳电路，经晶体管 V2 接入计数器 C180 的清"0"端。两块 C180 组成两级十进制计数器，对由 T210 输出的 0.1s 脉冲进行计数。最大计时数为 9.9s。C305 是译码器，它将由 T210 输出的 BCD（2～10 进制）码进行译码，译成八段数字显示（YSB—3）。

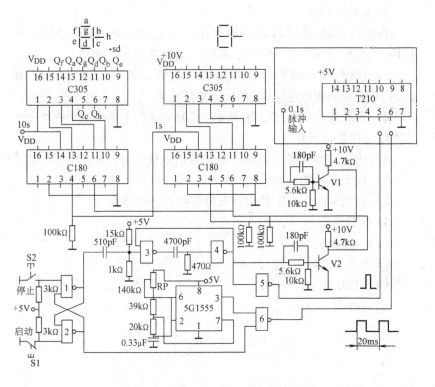

图 5-15 数字秒表电路

2. 工作原理

先按一次按钮 S2，使与非门 1 输出为高电平。需要计时时，按一次按钮 S1，在按下的瞬间 RS 触发器反转，"与非"门 1 的输出由高电平变为低电平，跳变过程中经与非门 3、4 组成的微分单稳电路将计数器 T210、C180 清零，清零后立即对 0.1s 脉冲进行计数显示，在与非门 2 输出为高电平的作用下，接通与非门 6 的输入端，5G1555 产生的脉冲通过与非门 6 进行分频计算。不需计数时按 S2，使与非门 2 为"0"，与非门为"1"，当与非门 2 为"0"时封锁35G1555 脉冲输出，保持所计时间值。

V1、V2 组成的反相器是为 TTL 和 CMOS 之间电平转换而设置的。

183

3. 安装与调试

根据图 5-15 数字秒表电路及电路中器件参数要求（5G1555、T210、C305、YS13-3，DG6 或 3DK），选择并安装元器件。

1）按图 5-15 接线，检查无误即可通电，调节 10kΩ 电位器 RP 使 5G1555 输出端产生一个 50Hz 脉冲信号。

2）交替按动 S1、S2，用示波器监视与非门 4 输出，检查微分单稳电路工作是否正常。

3）用示波器观察计数器的输出端 Q_B、Q_C、Q_D 波形是否正常。

4）接上译码器 C 305，显示 YSB—3，观察译码显示情况。

5）秒表试验：利用其他秒表对本秒表进行校验。

4. 仪器设备

（1）示波器　一台。

（2）万用表　一只。

（3）稳压电源　一台。

（4）秒表　一只。

第三节　电力电子技术

一、触发电路的安装与调试

1. 电路

单结晶体管触发电路如图 5-16 所示。

2. 电路工作原理分析

图 5-16 所示电路较简单，且温度特性较好，具有一定的抗干扰能力，脉冲前沿比较陡，输出功率比较小，脉冲宽度比较窄，只能手动调节 RP，无法加入其他信号，移相范围小

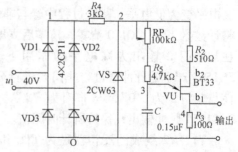

图 5-16　单结晶体管触发电路

于或等于 180°，一般情况下约为 150°。此电路可以用在单相可控整流要求不高的场合，能触发 50A 以下的晶闸管。

交流电压经桥式整流和稳压管削波而得到梯形电压。脉冲的形成过程是，梯形同步电压经 RP、R_5 对电容器 C 充电，电容器 C 两端电压上升到单结晶体管的峰点电压 U_P 时，单结晶体管由截止变为导通，电容器 C 通过 e-b_1、R_3 放电，放电电流在电阻 R_3 上产生一组尖端脉冲电压，由 R_3 输出一组触发脉冲，其中第一个脉冲使单结晶体管触发导通，后面的脉冲对单结晶体管的工作没有影响。随着电容器 C 不断放电，当电容器两端的电压下降至单结晶体管谷点电压 U_V 时，单结晶体管重新截止；电容器 C 又重新充电，重复上述过程，R_3 上又输出一组尖端脉冲电压，这个过程反复进行。

当梯形电压过零时，电容器 C 两端电压也为零，因此电容器每一次连续充放电的起点，就是电源电压过零点，这样就保证输出脉冲电压的频率和电源频率的同步。

移相是通过改变 RP 的大小实现的。改变 RP 的大小，可以改变 C 充电的速度，由此就改变了第一个脉冲出现的时间，从而达到移相的目的。

3. 元器件选择

电路元器件明细见表 5-11。

表 5-11　电路元器件明细（三）

名　称	符　号	型号与规格	数　量
单结晶体管	VU	BT33A	1
二极管	VD1 ~ VD4	2CP11	4
稳压管	VS	2CW63	1
电位器	RP	WT、100kΩ、0.25W	1
电阻	R_2	RT、510Ω、1/4W	1
电阻	R_3	RT、100Ω、1/4W	1
电阻	R_4	RT、3kΩ、1W	1
电阻	R_5	RT、4.7kΩ、1/4W	1
电容器	C	CGZX、160V、0.15μF	1

4. 仪器仪表

万用表一台，示波器一台。

5. 安装

1）按单结晶体管触发电路元器件明细表配齐元器件和其他附件，并对其进行检测。

2）根据电路原理图合理安排元器件的位置和走线，并为元器件位置和走线做好标记。

3）清除元器件引脚、通用电路板、连接导线端的氧化层。

4）焊接元器件，并特别注意稳压管极性检查。

6. 调试

具体调试操作步骤是：依据电路的工作原理和结构，把电路分成几个部分，按所分部分逐一通电调试；先检查电源输入情况；再检查整流输出情况；后调试受控触发电路，并依据几个关键波形和电压值来判断触发电路可能发生的故障。现以图 5-17 所示的受输入信号控制的单结晶体管触发电路为例来加以介绍。

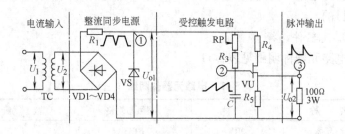

图 5-17 触发电路调试示意图

1）用万用表测量同步电源电压 U_{o1}，并用示波器检查①点的电压是不是如图 5-17 所示的梯形波；同时，检查稳压管 VS 是否温度过高。

如果电压和波形符合要求，则表示同步电源正常；如果不正常，或稳压管电流超过稳压电流的规定值而温升过高，则要检查电源变压器 TC 的一次电压和二次电压是否符合要求。

2）用示波器观察②点处电容器 C 上的波形是不是锯齿波。

如果②点无图 5-17 中所示的波形，就要进行检查。如果二极管和电阻都没问题，应检查单结晶体管 VU 是否良好。如果也没问题则调整电阻 RP 的大小，使②点出现锯齿波。

3）用示波器观察③点是否有尖顶触发脉冲，幅度是否符合主电路晶闸管触发电压要求，如果脉冲电压幅度偏小达不到要求时，可更换分压比大一些的单结晶体管。

二、晶闸管整流电路的安装与调试

1. 电路
晶闸管单相桥式半控整流电路如图 5-18 所示。

2. 电路工作原理分析
图 5-18 中，VD1 ~ VD4 组成桥式整流电路，经 R_1、VS1、VS2 削波后获得稳定的梯形波电压。晶体管 VT1、VT2、单结晶体管 VU、电容器 C_2、电阻 R_7、R_8 等构成自激振荡器，二极管 VD5 输出触发脉冲。当 C_2 上的电压达到峰点电压 U_P 时，单结晶体管导通，经 VD5 输出正向触发脉冲，改变 RP 的阻值即改变了流过 VT1 和 VT2 的电流，也即改变了电容 C_2 的充电时间常数（VT1、VT2 可视为可

187

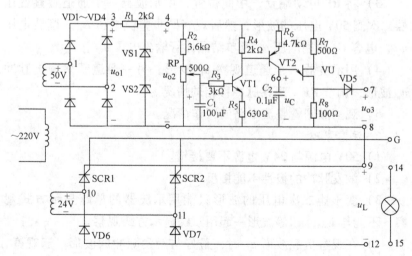

图 5-18　晶闸管单相桥式半控整流电路

变电阻）。当 RP 可动端上移时，充电速度变快，触发脉冲前移，当 RP 可动端下移时，充电速度变慢，触发脉冲后移，这样就可以改变晶闸管的移相角 α，这种触发电路的移相范围一般小于 180°。

3. 仪器及设备

（1）示波器　一台。

（2）万用表　一台。

（3）同步变压器 220V/50V/24V　一台。

4. 安装

1）按图 5-18 要求选择同步变压器、二极管、晶体管、单结晶体管、晶闸管、滤波电容器及电阻器，并用万用表逐一进行测试。

2）将挑选出的元器件，根据具体参数及标注极性焊接到电路板上。

5. 调试

1）用万用表交流电压挡测试变压器二次电压应为 50V。

2）用万用表直流电压挡测量桥式整流输出电压的直流分量 u'_{o1}。

3）将 RP 可动端置于中间位置，用示波器一个通道观察变压器二次侧 50V 电压的波形，然后观察同步整流电压 u_{o1}，削波电压 u_{o2}，电容 C_2 两端电压 u_C 及单结晶体管输出电压 u_{o3}。

4）用示波器一个通道观察 u_C 波形，另一通道观察输出脉冲 u_{o3} 波形，调节 RP，观察脉冲移相的情况。

5）观察晶闸管整流电路的工作情况。

6. 注意事项

1）50V 电源与 24V 电源不要接错。

2）触发脉冲的极性不能接反。

3）变压器二次电压的波形只能用示波器的单踪显示方式观察，不能与 u_{o1}、u_{o2} 等波形一起用双踪显示方式观察。

4）在观察负载波形 u_L 时，最好与触发脉冲的波形一起观察，但此时应特别注意两条示波器信号输入线的接地端（黑夹子端）不能将负载短路，否则只能用单踪显示方式观察。

三、单相晶闸管变流技术

图 5-19 所示为单相晶闸管变流技术应用的一个实例——小容量无静差直流调速系统，其具有稳定性能好，抗干扰能力强，调速平滑等优点，适用于 1kW 以下直流电动机的调速。

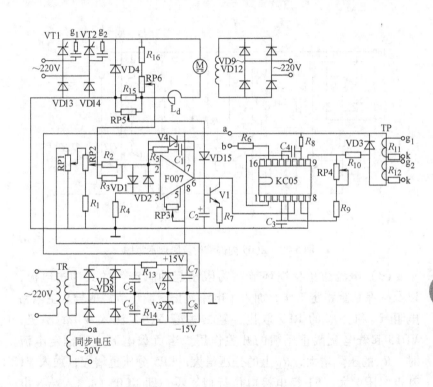

图 5-19 小容量无静差直流调速系统

1. 电路工作原理分析

整个系统由给定电压环节、运算放大器电压负反馈环节、电流截止负反馈环节组成。主要部分的工作原理简述如下：

（1）主电路 采用单相桥式半控整流电路，直接由 220V 交流电源供电，由于主电路串接了平波电抗器 L_d，故电流输出波形得到改善。

（2）电压负反馈环节　当采用电压负反馈后，可以补偿电枢内阻压降。电路中电压负反馈环节由 R_{16}、R_3、RP6 组成。反馈电压从电位器 RP6 取出加在放大器的输入端，和给定信号电压比较后，经放大器放大，送入集成相控触发组件 KC05（其内部结构及原理如图 5-20 所示）。

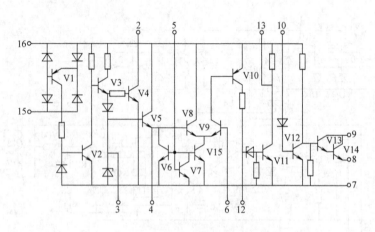

图 5-20　KC05 内部结构及原理示意图

（3）电流截止反馈环节　为限制起动时产生的大冲击电流，以及确保系统稳定工作，加入了电流截止反馈环节。信号从主电路电阻 R_{15} 和并联的 RP5 取出，经二极管 VD15 注入 V1 的基极，VD15 起着电流截止反馈的开关作用。当负载电流大于额定电流时，R_{15} 的压降增大，R_{15} 上的分压增大，RP5 分压也增大，加入 V1 基极电压增大，V1 集电极电位近似于零，即 KC05 的输入端 6 电位下降，这样，晶闸管的导通角减小，输出的直流电压减小，电流也随之减小。

本电路主要由运算放大器 F007 与集成相控触发组件 KC05 构成，系统稳定性高，电路简单可靠，抗干扰能力强，调速性能好。

2. 元器件选择

电路元器件明细见表 5-12。

表 5-12　电路元器件明细（四）

名　称	符　号	型号与规格	数　量
晶闸管	VT1　VT2	3CT5A/800V	2
二极管	VD1、VD2、VD3、VD15	2CZ52C	4
二极管	VD4、VD5、VD6、VD7、VD8	2CZ84C	5
二极管	VD9、VD10、VD11、VD12	2CZ55T	4
二极管	VD13、VD14	2CZ57F	2
电阻	R_1	2kΩ	1
电阻	R_2、R_3、R_4	20kΩ	3
电阻	R_5	100Ω	1
电阻	R_6	10kΩ	1
电阻	R_7、R_{13}、R_{14}	220Ω	3
电阻	R_8、R_9	30kΩ	2
电阻	R_{10}	22kΩ	1
电阻	R_{11}、R_{12}	10Ω	2
电阻	R_{15}	0.36Ω	1
电阻	R_{16}	5kΩ	1
电位器	RP1	20kΩ	1
电位器	RP2	5.6kΩ	1
电位器	RP3	10kΩ	1
电位器	RP4	22kΩ	1
电位器	RP5	56Ω	1
电位器	RP6	4.7kΩ	1
电容器	C_1	1μF	1
电容器	C_2	10μF	1
电容器	C_3	0.47μF	1
电容器	C_4	0.047μF	1
电容器	C_5、C_6	220μF	2
电容器	C_7、C_8	100μF	2
晶体管	V1	3DG6D	1
稳压管	V2、V4	2CW140	2

复习思考题

1. 何为整流？单相桥式整流电路由哪些部分组成？
2. 时序电路的特点是什么？
3. 串联可调稳压电源电路由哪几部分组成？
4. 计数器的主要功能是什么？
5. 晶闸管的导通条件是什么？导通后如何将其关断？
6. 集成电路有哪些分类？不同分类的名称和主要特点是什么？
7. 译码器的作用是什么？
8. 对于出现故障的晶闸管单相桥式半控整流电路板，应按什么步骤查找故障？
9. 集成电路引脚排序的标志有哪些？
10. 集成电路有哪些使用常识？

第六章

可编程序控制器技术

培训目标　熟悉可编程序控制器（PLC）的基本结构和工作原理；了解可编程序控制器的技术性能指标；掌握松下 FP 系列 PLC 基本指令的功能及应用；掌握可编程序控制器（PLC）的使用操作技术；掌握 PLC 控制线路的故障排除方法。

随着工业控制及计算机的飞速发展，可编程序控制器已成为现代工业自动化领域最重要、应用最多的控制装置；工业控制计算机与 PLC 组合形成的上位机与下位机控制系统应用得也越来越广泛。

第一节　概　述

一、PLC 的控制功能

目前 PLC 已经广泛应用于冶金、化工、建材、电力、矿山、机械制造、轻纺、交通等行业。它的控制功能概括起来，有以下 5 个方面：

（1）开关量控制　这是 PLC 最初产生的应用领域。在单机控制、多机群控和自动生产线控制方面成功运用：如机床电气控制、起重机、传动带运输机和包装机械的控制、注塑机的控制、电梯的控制等。

（2）模拟量控制　目前，PLC 基本都有模拟量处理功能，通过模拟量 I/O 模块可对温度、压力、速度、流量等连续变化的模拟量进行控制，编程非常方便，如自动焊机控制、锅炉运行控制、连轧机的速度和位置控制等都是典型的闭环过程控制的应用场合。

（3）运动控制　也称为位置控制，指 PLC 对直线运动或圆周运动的控制。早期 PLC 通过开关量 I/O 模块与位置传感器和执行机构的连接来实现这一功能，现在一般都使用专用的运动控制模块来完成，目前广泛应用在金属切削机床、电梯、机器人等各种机械设备上，典型的例子如：PLC 和计算机数控装置 CNC 组合成一体，构成先进的数控机床。

（4）数据处理　现代 PLC 能够完成数学运算（函数运算、矩阵运算、逻辑运算）、数据的移位、比较、传递、数值的转换等操作，对数据进行采集、分析和处理。比如柔性制造系统、机器人控制系统、多点同步运行控制系统等。

（5）通信联网　指 PLC 与 PLC 之间、PLC 与上位计算机或其他智能设备间的通信，利用 PLC 和计算机的 RS-232 或 RS-422 接口、PLC 的专用通信模块，用双绞线和同轴电缆或光缆将它们联成网络，可实现相互间的信息交换，构成"集中管理、分散控制"的多级分布式控制系统，建立工厂的自动化网络。

二、PLC 的常用技术性能指标

（1）输入/输出点数　指外部输入、输出端子数。

（2）扫描速度　执行 1000 步指令所需的时间，单位 ms/千步。有时以执行一步指令的时间计，如 μs/步。

（3）内存容量　PLC 存放用户程序的量。在 PLC 中程序指令是按步存放的（一条指令往往不止一"步"）一"步"占用一个地址单元，一个地址单元一般占用两个字节。

（4）指令条数　衡量 PLC 软件功能强弱的主要指标。

（5）内部寄存器　PLC 内部有许多种寄存器用以存放变量状态、中间结果、数据等等。如：内部继电器寄存器、特殊继电器寄存器、数据寄存器、定时/计数寄存器、系统寄存器等等。这些辅助寄存器可以给用户提供许多特殊功能或简化整体系统设计。因此寄存器的配置是衡量 PLC 硬件功能的一个指标。

（6）高功能模块 PLC 除主控模块外还可以配置各种高功能模块。主控模块实现基本控制功能，高功能模块实现某一种特殊功能控制。高功能模块的多少，是衡量 PLC 产品水平高低的重要标志。常用高功能模块如：A/D 模块、D/A 模块、高计数模块、速度控制模块、位置控置模块、温度控制模块、轴定位模块、通信模块、高级语言编辑以及各种物理量转换模块等。

三、PLC 的基本结构

PLC 的硬件系统由基本单元、I/O 扩展单元及外部设备组成，如图 6-1 所示。

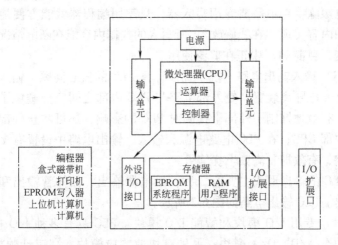

图 6-1　PLC 的硬件系统结构框图

195

（1）CPU PLC 常用的 CPU 有通用微处理器、单片机和位片式微处理器。对于小型 PLC，大多采用 8 位微处理器或单片机，中型 PLC 大多采用 16 位微处理器或单片机，大型 PLC 大多采用高速位片式处理器。总之，PLC 的档次越高，所用的 CPU 的位数也越多，运算速度也越快，功能越强。

（2）存储器 PLC 配有系统存储器和用户存储器两种存储器，前者存放系统程序，后者用来存放用户编制的控制程序。常用类型有 ROM、RAM、EPROM 和 EEPROM。

RAM 是一种可以进行读/写操作的随机存储器，存放在其中的程序可方便地进行修改，可用锂电池作为备用电源，一旦失电，即可用锂电池供电，以保持 RAM 中的内容。

ROM 是只读存储器，其内容一般不能修改，常用来存放系统程序，断电后其内容不变。

EPROM 称为可擦除的只读存储器，在紫外线连续照射 20min 后，即可将 EPROM 中的内容消除，加高电平（12.5V 或 24V），可把程序写入到 EPROM 中。断电后 EPROM 储器内容不变。可用来存放系统程序和用户程序。

EEPROM 称作电可擦除只读存储器，除可用紫外线擦除外，还可用电擦除，它不需要专用写入器，只需用编程器就能方便地对所存储的内容实现"在线修改"，所写入的数据内容能在断电情况下保持不变，目前 PLC 中正在广泛使用。

（3）输入输出电路　抗干扰设计是 PLC 的核心问题。输入输出口都有光电隔离装置，使外部电路与 PLC 内部之间完全避免了电的联系，有效地抑制了外部干扰源对 PLC 的影响，还可防止外部强电窜入内部 CPU；在 PLC 电路电源和输入、输出电路中设置有多种滤波电路，有效抑制高频干扰信号。

PLC 的输出形式主要有 3 种：继电器输出、晶体管输出和晶闸管输出。PLC 输出电路如图 6-2 所示。

（4）专用 I/O 模块和智能 I/O 模块　PLC 具有多种 I/O 模块，常见的有 A/D、D/A 模块；另外有快速响应模块、高速计数模块、通信接口模块、温度控制模块、中断控制模块和定位控制模块等种类繁多、功能各异的专用 I/O 模块和智能 I/O 模块。针对不同的工业控制应用场合，选择 I/O 功能模块与基本单元连用，可充分发挥 PLC 灵活、通用、可靠、迅捷的优势。

（5）电源部件　PLC 配有开关稳压电源的电源模块，用来将外部供电电源转换成供 PLC 内部 CPU、存储器 I/O 接口等电路工作所需的直流电源。PLC 的电源部件有很好的稳压措施，因此对外部电源的稳定性要求不高，一般允许外部电源电压的额定值在 − 15% ∼

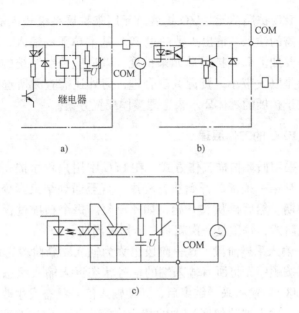

图 6-2　PLC 输出电路

a）继电器输出　b）晶体管输出　c）晶闸管输出

+10% 的范围内波动。小型 PLC 的电源往往和 CPU 单元合为一体，大中型 PLC 都有专用电源部件。有些 PLC 的电源部件还可向外提供直流 24V 稳压电源，用于对外部传感器供电，避免由于外部电源污染或不合格电源引起的故障。

（6）编程器　编程器是 PLC 的最重要的外围设备，也是 PLC 不可缺少的一部分。它不仅可以写入用户程序，还可以对用户程序进行检查、修改和调试，以及在线监视 PLC 的工作状态。它通过接口与 PLC 联系，完成人机对话。简易编程器功能较少，一般只能用语句表形式进行编程，通常需要联机工作。简易编程器使用时直接与 PLC 的专用插座相连接，由 PLC 提供电源。它体积小，重量轻，便于携带，适合小型 PLC 使用。

目前 PLC 都配有相应软件和硬件，可直接与计算机连接，工程设计者在计算机上就可以编写 PLC 控制程序、输入程序、调试程序、修改程序。

（7）I/O 扩展单元　I/O 扩展单元用来扩展系统输入输出点数。当用户所需的输入、输出点数超过 PLC 基本单元的输入、输出点数时，就需要加上 I/O 扩展单元来扩展，以适应控制系统的要求。扩展的原则是以大带小，资源共享合理，另外还需查阅所选机型使用手册中关于扩展的具体要求来考虑整体配置方案。

四、PLC 的工作原理

PLC 采用循环扫描工作方式，在 PLC 中用户程序按先后顺序存放，CPU 从第一条指令开始执行程序，直至遇到结束指令，完成一个扫描周期。然后再从头开始，如此反复。每个扫描过程顺序分为以下 3 个阶段，每重复一次就是一个扫描周期。

（1）输入采样阶段　这一阶段也称为输入刷新阶段，即 PLC 以扫描方式按顺序先将所有输入端的信号状态读入输入状态寄存（输入器映像区）。输入采样结束后，即使输入信号状态发生改变，输入状态寄存（输入器映像区）中的相应内容也不会发生改变。即 PLC 的"大门"关上，外部的干扰信号也不会侵入。

（2）程序执行阶段　PLC 将按梯形图从上至下、从左到右的顺序，对由各种继电器、定时器、计数器等等的接点构成的梯形图控制线路进行逻辑运算，然后根据逻辑运算的结果，刷新输出继电器或系统内部继电器的状态。

1）扫描是从上到下顺序进行的，前面执行的结果可能被后面的程序所用到，从而影响后面程序的执行结果；而后面扫描的结果本次扫描中已不能改变前面的扫描结果，只有到了下一个扫描周期再次扫描前面程序的时候才起作用。

2）对应 PLC 的循环扫描工作方式，初学编程者要养成严格按扫描顺序编程的良好习惯。

（3）输出刷新阶段　当所有的指令执行完毕时，PLC 输出状态寄存器（将输出映像区）中所有状态通过输出电路输出驱动用户输出设备（负载），也就是 PLC 的输出刷新阶段。输出刷新后，PLC 再次执行输入采样，开始一个新的扫描周期。

第二节 松下 FP 系列 PLC 产品及性能简介

目前，在工控领域常见的可编程序控制器（PLC）品种较多，例如：三菱、立石、西门子、松下、OMRON、台达等。产品种类多，更新换代快，本章主要以松下 FP 系列的 FP1 可编程序控制器来介绍其应用。松下 FP 系列可编程序控制器产品有：FP0、FP1、FP—M、FP—∑、FP—X 等型号。

一、FP 系列 PLC 的性能

（1）指令系统 在 FP 系列 PLC 中，即使是小型机，也具有近 200 条指令。除能实现一般逻辑控制外，还可进行运动控制、复杂数据处理。FP 系列各类型 PLC 产品的指令系统都具有向上兼容性，便于应用程序的移植。

（2）CPU 处理速度 FP 系列各种机型的 CPU 速度快，如超小型机 FP0 型 PLC 执行每个基本指令只需 $0.9\mu s/$步，可捕捉短至 $50\mu s$ 的脉冲，这可用于传感器输入；FP1 型 PLC 执行每个基本指令只需 $1.6\mu s/$步。

（3）大程序容量 FP 系列 PLC，其小型机一般都可达 3 千步左右，最高可达到 5 千步，而其大型机则最高可达 60 千步。

（4）功能强大的编程工具 FP 系列机无论采用的是手持编程器还是编程工具软件，其编程及监控功能都很强。其 FP—Ⅱ型手持编程器还具有用户程序转存功能。其编程软件除已汉化的 DOS 版 NPST—GR 外，还推出了 Windows 版的 FPSOFT，最新版的 FPWIN—GR 也已进入市场。这些工具都为用户的软件开发提供了方便的环境。

（5）强大的网络通信功能 FP 系列 PLC 可配通信功能模块，为开发 PLC 网络应用程序提供了方便。松下电工提供了多达 6 种的 PLC 网络产品，在同一子网中集成了几种通信方式，用户可根据需要选用。用 RS232C 口（C24C C40C C56C 和 C72C 型及 FP—M）可通过 RS232C 口与计算直接连接，提供方便的一对一通信。FP 系列 PLC 内置有调制解调器通信功能，使用一根电话线，程序维护可在远程设备上进行。使用 C—NET 适配器，一台计算机能最多与 32 台 FP1/FP—M 控制单元或控制板连接，如将条形码读出器接到 RS232C 口时，可用此系统采集多种生产控制信息。

二、FP1 系列 PLC 的产品及性能简介

　　FP1 属于小型机。产品型号以 C 字母开头代表主控单元（或称主机），以 E 字母开头代表扩展单元（或称扩展机），后面跟的数字代表 I/O 点数。该产品包括 C14 ~ C72 六款主控单元和 E8 ~ E40 四款扩展单元，形成系列化产品。其中 FP1—C 型可编程序控制器的主控单元相关部件说明见表 6-1。表 6-1 列出了 FP1 的主要产品规格类型。主控单元和扩展单元的 I/O 点数加起来最多可达 152 个点。在主控单元内含有高速计数器，可输入的脉冲频率高达 5kHz，并能同时输入两路脉冲，晶体管输出型 PLC 可输出频率可调的脉冲信号。主控单元还具有 8 个中断源的中断优先权管理等功能。同时通过 PC 机可对 PLC 进行梯形图程序的编辑、状态监控等。除主控单元和扩展单元以外，还有 A/D、D/A 单元和 C—NET 链接单元等高级模块，可进行模拟量处理，并可方便地构成工业现场 PLC 控制网络。FP1 扩展单元和高级单元的配置见表 6-1，对应的 I/O 地址分配见表 6-3。

表 6-1　FP1 的主要产品规格类型

品名	类　　　型	I/O 点数	内部寄存器	工作电压	输出形式
C14	标准型	8/6	EEPROM	DC 24 V AC 100 ~ 240V	继电器、 晶体管 （NPN、PNP）
C16	标准型	8/8	EEPROM		
C24 （C24C）	标准型 （带 RS232 口和时钟/日历）	16/8	RAM		
C40 （C40C）	标准型 （带 RS232 口和时钟/日历）	24/16	RAM		
C56 （C56C）	标准型 （带 RS232 口和时钟/日历）	32/24	RAM		
C72 （C72C）	标准型 （带 RS232 口和时钟，日历）	40/32	RAM		

（续）

品名	类　型	I/O 点数	内部寄存器	工作电压	输出形式
E8	/	8/0 4/4 0/8	/	/	继电器、 晶体管 （NPN、PNP）
E16	/	16/0 8/8 0/16	/		
E24	/	16/8	/	DC 24V AC 100 ~ 240V	
E40	/	24/16	/		

　　FP1 的指令系统共有 190 多条指令，除基本的逻辑运算、数据运算、数据处理、数制转换指令之外，还有中断、子程序调用、步进控制、电子凸轮控制、速度及位置控制等特殊功能指令。另外，FP1 还有功能完备的编程工具，利用这些工具，用户可以方便地进行编程和实现监控。即便是使用手持编程器，也可以实现多种监控功能。表 6-2 为 FP1 系列产品基本性能一览表。

表 6-2　FP1 系列产品基本性能一览表

项　　目	C14	C16	C24	C40	C56	C72
主机 I/O 点数	8/6	8/8	16/8	24/16	32/24	40/32
最大 I/O 点数	54	56	104	120	136	152
运行速度	1.6μs/步：基本指令						
程序容量	900 步		2720 步		5000 步	
存储器类型	EEPROM		ROM（备用电池）和 EPROM			
指令条数	126		191		192	
内部继电器（R）	256		1008			
特殊内部继电器（R）	64						

（续）

项　　目	C14	C16	C24	C40	C56	C72
定时器，计数器（T/C）	128			144		
数据寄存器（DT）	256		1660		6144	
特殊数据寄存器（DT）	70					
索引寄存器（IX、IY）	2					
主控指令（MC/MCE）点数	16			32		
跳转标记（LBL）个数（用于 JMP、LOOP 指令）	32			64		
步进阶数	64			128		
子程序个数	8			16		
中断个数	/			9		
输入滤波时间	1～128ms					
自诊断功能	如：看家狗定时器、电池检测、程序检测					

三、FP1 系列 PLC 的内部寄存器及 I/O 配置

在使用 PLC 之前最重要的是先了解 PLC 的内部寄存器及 I/O 配置情况。表 6-3 列出了 FP1 系列 PLC 的内部寄存器 I/O 配置情况。

表 6-3　FP1 系列 PLC 的内部寄存器 I/O 配置

功　能		符号	编号（地址）		
			C14/C16	C24/C40	C56/C72
I/O 继电器	输入继电器用来存储外部开关信号	X（bit）	X0～X12F		
		WX（word）	WX0～WX12		
	输出继电器用来存储程序运行结果并输出	Y（bit）	Y0～Y12F		
		WY（word）	WY0～WY12		
内部继电器	通用内部继电器只能在 PLC 内部使用，不能用于输出	R（bit）	R0～R15F	R0～R62F	
		WR（word）	WR0～WR15	WR0～WR62F	
	特殊内部继电器具有特殊用途的内部继电器	R（bit）	R9000～R903F		

202

（续）

功　能		符号	编号（地址）		
			C14/C16	C24/C40	C56/C72
定时器/计数器	定时器触点：定时时间到，触点动作。触点序号与定时器相同	T（bit）	T0 ~ T99		
	计数器触点：计数完毕触点动作，触点序号与计数器相同	C（bit）	C100 ~ C127	C100 ~ C143	
	定时器/计数器设定值寄存器用来存储定时器/计数器的设定值，寄存器的序号与定时器/计数器的序号一一对应	SV（word）	SV0 ~ SV127	SV0 ~ SV143	
	定时器/计数器经过值寄存器用来存储定时器/计数器的经过值，寄存器的序号与定时器/计数器的序号一一对应	EV（word）	EV0 ~ EV127	EV0 ~ EV143	
数据区	通用数据寄存器用来存储PLC内部处理数据	DT（word）	DT0 ~ DT255	DT0 ~ DT1659	DT0 ~ DT6143
	特殊数据寄存器具有特殊用途的内部寄存器		DT9000 ~ DT9121		
系统寄存器	专门用于系统设置的内部寄存器，在程序中不能使用	（word）	No. 0 ~ No. 418		
索引值	索引寄存器用来存储寄存器地址和常数的修正值	IX（word） IY（word）	IX、IY 各一个		
常数	十进制常数（整数）范围：16bit（K-32768 ~ K +32768）32bit（K-2147483 ~ K +2147483647）	K	16bit（word）		
			32bit（2word）		
	十六进制常数范围：16bit（H8000 ~ H7FFF）32bit（H80000000 ~ H7FFFFFFF）	H	16bit（word）		
			32bit（2word）		

表6-3 中 X 和 Y 分别表示输入、输出继电器，它们以位（bit）寻址；而 WX 和 WY 则是以字（word）寻址的输入、输出继电器（或称为输入、输出寄存器）。它们可以直接向输入、输出端子传递信息。寄存器位址（用十六进制表示）、寄存器地址（用十进制表示）、X 和 Y 的地址编号规则完全一样。

例如：X120 表示输入继电器（寄存器）WX12 的第 0 位，而 X12F 则表示输入继电器（寄存器）WX12 的第 15 位。

字地址为 0 时可省略前面字地址数字，只给位地址即可，如字寄存器 WX0 的各位则可写为 X0 ~ XF。

表中 R 和 WR 的编号规则与 X、WX 和 Y、WY 相同。

对表 6-3 作如下说明：

1）由表可见 I/O 继电器编号比实际 FP1 主机的外部输入、输出点多，表中所列值为最大可扩展能力。使用时，没有被外部 I/O 点占用的部分可以作为内部继电器使用。

2）所有寄存器（word）和 T、C 的编号均为十进制数，只有 X、Y、R 触点（bit）编号的最后一位是十六进制数。

3）定时器与计数器的编号是统一编排的，出厂时按照定时器在前，计数器在后进行编号。用户可以通过系统寄存器改变其编号分配，但定时器/计数器的总数不能变。定时器/计数器设定值寄存器 SV 用来存储定时器/计数器的设定值，寄存器 SV 的序号与定时器/计数器的序号一一对应。定时器/计数器经过值寄存器 EV 用来存储定时器/计数器的经过值，寄存器 EV 的序号与定时器/计数器的序号一一对应。定时器：0 ~ 99；计数器：100 ~ 127（143）。

4）常数主要用来存放 PLC 输入数据。十进制常数用数据前加字头 K 来表示；十六进制常数用数据前加字头 H 来表示。不论是十进制数还是十六进制数，在 PLC 内部都将转换为补码形式的 16 位二进制数。

5）当索引寄存器 IX 和 IY 作为数据寄存器使用时，可作为 16bit 寄存器单独使用，也可与 32bit 寄存器连用，其中 IX 为低 bit、IY 为高 bit。

6）索引寄存器还可以以索引指针的形式与寄存器或常数一起使

用，可起到寄存器地址或常数的修正值作用。下面举例说明：

① 地址修正值功能（适用于 WX、WY、WR、DT、SV 和 EV）：这一功能类似于计算机的变址功能。当索引寄存器与上述寄存器连在一起编程时，其寄存器的地址产生移动，移动量为索引寄存器（IX、IY）的值。使用时要注意确保修正过的寄存器地址不要超出有效范围。

例 1 有指令为［F0 MV，DT0，IXDT100］，其执行结果为

若 IX = K10，DT0 中的内容被传送至 DT110；

若 IX = K40，DT0 中的内容被传送至 DT140。

② 常数修正值功能（适用于 K 和 H）：当索引寄存器与常数连在一起编程时，索引寄存器的值被加到原常数（K 或 H）上。

例 2 有指令为［F0 MV，IXK50，DT100］，其执行结果为

若 IX = K10，传送至 DT100 的内容是 K60。

若 IX = K40，传送至 DT100 的内容是 K90。

第三节 指 令 系 统

可编程序控制器是按照用户的控制要求编写程序来进行工作的。程序编制就是用特定的编程语言把一个控制任务描述出来。尽管国内外 PLC 生产厂家采用的编程语言不尽相同，但程序的表达方式基本有 4 种：梯形图、指令表、逻辑功能图和高级语言。绝大部分 PLC 是使用梯形图和指令表编程。

梯形图是一种图形语言，它沿用了传统的继电—接触式控制系统中的继电器触点、线圈、串并联等术语和图形符号，还增加了许多功能强而又使用灵活的指令，将微机的特点结合进去，使编程更容易。梯形图比较形象、直观，对于熟悉继电—接触式控制系统的人来说，也容易接受，世界上各生产厂家的 PLC 都把梯形图作为第一用户编程语言。

所谓指令就是用英文名称的缩写字母来表达 PLC 各种功能的助记符号。常用的助记符号语言类似于微机中的汇编语言。由指令构成的能完成控制任务的指令组合就是指令表，每一条指令一般由指

令助记符和作用器件编号两部分组成。

例如：表6-4给出用PLC实现三相异步电动机起动/停止控制的两种编程语言的表示方法。虽然不同型号的PLC，其梯形图、指令表都有些差异，使用的符号不一，但编程的方法和原理是一致的。

表 6-4　用 PLC 实现三相异步电动机起动/停止控制的两种编程方式

梯　形　图	指　令　表
X0　X1　　　　　Y0 Y0 　　　　　　　(ED)	0　　ST　　X　　0 1　　OR　　Y　　0 2　　AN/　X　　1 3　　OT　　Y　　0 4　　ED

PLC的基本指令类型包括：基本顺序指令和基本功能指令。

一、基本顺序指令

基本顺序指令是指对继电器和继电器的触点进行逻辑操作的指令。它是以位（bit）为单位的逻辑操作，是构成继电器控制电路的基础，包括：ST、ST/、OT、NOT（/）、AN、AN/、OR、OR/、ANS、ORS、PSHS、RDS、POPS、DF、DF/、SET、RST、KP和NOP。它们各自的定义、功能和所用触点类型见表6-5。

表 6-5　基本顺序指令表

名　　称	助记符	说　　明	步　数
初始加载	ST	以常开接点开始一个逻辑操作	1
初始加载非	ST/	以常闭接点开始一个逻辑操作	1
输出	OT	将操作结果输出	1
非	NOT（/）	将该指令处的操作结果取反	1
与	AN	串联一个常开接点	1
与非	AN/	串联一个常闭接点	1
或	OR	并联一个常开接点	1
或非	OR/	并联一个常闭接点	1

（续）

名　称	助记符	说　明	步　数
组与	ANS	指令块的与操作	1
组或	ORS	指令块的或操作	1
推入堆栈	PSHS	存储该指令处的操作结果	1
读出堆栈	RDS	读出由 PSHS 指令处的操作结果	1
弹出堆栈	POPS	读出并清除由 PSHS 指令处的操作结果	1
上升沿微分	DF	当检测到触发信号的上升沿时，接点仅"ON"一个扫描周期	1
下降沿微分	DF/	当检测到触发信号的下降沿时，接点仅"ON"一个扫描周期	1
置位	SET	保持接点（位）"ON"	3
复位	RST	保持接点（位）"OFF"	3
保持	KP	输出"ON"并保持	1
空操作	NOP	空操作	1

1. ST、ST/和 OT 指令

（1）指令功能

1）ST：常开触点与母线连接，开始一逻辑运算。

2）ST/：常闭触点与母线连接，开始一逻辑运算。

3）OT：线圈驱动指令，将运算结果输出到指定继电器。

（2）程序举例　梯形图程序及指令表见表 6-6，操作数见表6-7。

表6-6　梯形图程序及指令表

梯　形　图	指　令　表	时　序　图
X0 ─┤├─────(Y0) X1 ─┤/├─────(Y1) ───────────(ED)─	0　ST　X0 1　OT　Y0 2　ST/　X1 3　OT　Y1	X0 Y0 X1 Y1

表 6-7 操作数

指　　令	继　电　器			定时器/计数器触点	
	X	Y	R	T	C
ST　　ST/	✓	✓	✓	✓	✓
OT	×	✓	✓	×	×

例题解释：

1）当 X0 接通时，Y0 接通。

2）当 X1 断开时，Y1 接通。

（3）指令使用说明

1）初始加载指令（ST）开始逻辑运算，并且输入 A 类（常开）触点。

2）初始加载指令（ST/）开始逻辑运算，并且输入 B 类（常闭）触点。

3）输出指令（OT）将运算结果输出到指定线圈。

2. "/" 非指令

指令 "/" 的功能是将该指令处的运算结果取反。程序举例见表 6-8。

表 6-8 梯形图程序及指令表

梯　形　图	指　令　表	时　序　图

例题解释：

1）当 X0 和 X1 都接通时，Y0 接通。

2）当 X0 和 X1 断开时，Y1 接通。

指令使用说明："非" 指令（/）将该指令处的运算结果求反。

3. AN 和 AN/指令

（1）指令功能

1）AN：串联常开触点指令，把原来保存在结果寄存器中的逻辑操作结果与指定的继电器内容相"与"，并把这一逻辑操作结果存入结果寄存器。逻辑与指令梯形图表示为

说明：① 直接连续连接多个常开触点。

　　　② 允许指定继电器种类：X，Y，R，T，C。

2）AN／：串联常闭触点指令，把原来被指定的继电器内容取反，然后与结果寄存器的内容进行逻辑"与"，操作结果存入结果寄存器。逻辑与指令非梯形图表示为

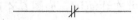

说明：① 直接连续连接多个常闭触点。

　　　② 允许指定继电器种类：X，Y，R，T，C。

（2）程序举例　梯形图程序及指令表见表6-9，操作数见表6-10。

表6-9　梯形图程序及指令表

梯　形　图	指　令　表	时　序　图
X0　X1　X2　　　　Y0　 　　　　　　　　(ED)	0　ST　X0 1　AN　X1 2　AN／X2 4　OT　Y0	X0 X1 X2 Y0

表6-10　操作数

指　令	继　电　器			定时器/计数器触点	
	X	Y	R	T	C
AN　　AN／	√	√	√	√	√

例题解释：当X0、X1都接通且X2断开时，Y0接通。

（3）指令使用说明

1）AN和AN／指令的使用：当串联常开触点（A类触点）时，

使用 AN 指令；当串联常闭触点（B 类触点）时，使用 AN/指令，如图 6-3 所示。

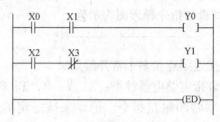

图 6-3　梯形图（一）

2）AN 和 AN/指令可连续使用，如图 6-4 所示。

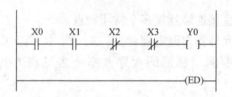

图 6-4　梯形图（二）

4. OR 和 OR/指令

（1）指令功能

1）OR：并联常开触点指令，把结果寄存器的内容与指定继电器的内容进行逻辑"或"，操作结果存入结果寄存器。逻辑或指令梯形图表示为

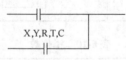

说明：① 并联连接常开触点。

② 允许指定继电器种类：X，Y，R，T，C。

③ 允许索引寄存器修饰。

④ 步数 1（2）。

2）OR/：并联常闭触点指令，把指定继电器内容取反，然后与结果寄存器的内容进行逻辑"或"，操作结果存入结果寄存器。逻辑

或非指令梯形图表示为

说明：① 并联连接常闭触点。

② 允许指定继电器种类：X，Y，R，T，C。

（2）程序举例 梯形图程序及指令表见表 6-11，操作数见表 6-12。

表6-11 梯形图程序及指令表

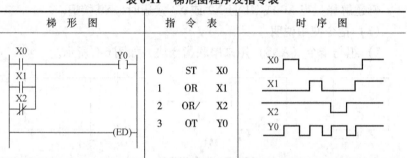

表6-12 操作数

指　令	继　电　器			定时器/计数器触点	
	X	Y	R	T	C
OR　　OR/	✓	✓	✓	✓	✓

例题解释：当 X0 或 X1 接通或 X2 断开时，Y0 接通。

（3）指令使用说明 将触点并联进行"或"运算。

5. ANS 指令

（1）指令功能 ANS 实现多个指令块的"与"运算。组逻辑与指令梯形图表示为

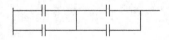

说明：若干个逻辑块直接连续连接。

（2）程序举例 梯形图程序及指令表见表 6-13。

表 6-13　梯形图程序及指令表

梯 形 图	指 令 表	时 序 图
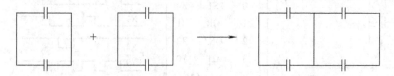	0　ST　X0 1　OR　X1 2　ST　X2 3　OR　X3 4　ANS 5　OT　Y0	X0 X1 X2 X3 Y0

例题解释：当 X0 或 X1 且 X2 或 X3 接通时，Y0 接通。

（3）指令使用说明

1）组与指令（ANS）用来串联指令块，如图 6-5 所示。

图 6-5　串联指令块

2）每一指令块以初始加载指令（ST）开始，当两个或多个指令块串联时，编程如图 6-6 所示。

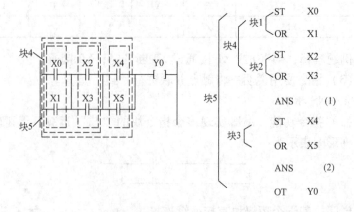

图 6-6　多个指令块串联编程

6. ORS 指令

（1）指令功能　ORS 实现多个指令块的"或"运算。组逻辑或指令梯形图表示为

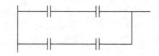

说明：① 若干个逻辑块并联连接。

② 步数：1。

（2）程序举例　梯形图程序及指令表见表 6-14。

表 6-14　梯形图程序及指令表

梯　形　图	指　令　表	时　序　图
	0　ST　X0 1　AN　X1 2　ST　X2 3　AN　X3 4　ORS 5　OT　Y0	

例题解释：当 X0 和 X1 都接通或者 X2 和 X3 都接通时，Y0 接通。

（3）指令使用说明

1）组与指令用来并联指令块，如图 6-7 所示。

2）每一指令块以初始加载指令（ST）开始。当两个或多个指令块并联时，编程如图 6-8 所示。

7. PSHS、RDS、POPS 指令

（1）指令功能

1）PSHS：存储该指令处的运算结果（推入堆栈、压入堆栈）。其梯形图表示为

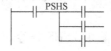

说明：① 存贮记忆到此为止的运算结果。

② 步数：1。

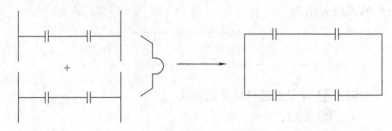

图 6-7 并联指令块

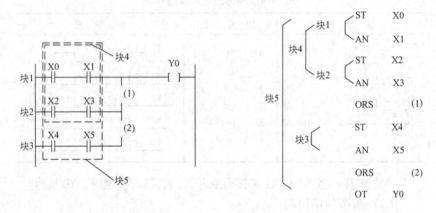

图 6-8 多个指令块并联编程

2）RDS：读出由 PSHS 指令存储的运算结果（读出堆栈）。其梯形图表示为

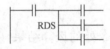

说明：① 读取由 PSHS 所记忆的运算结果。

② 步数：1。

3）POPS：读出并清除由 PSHS 指令存储的运算结果（弹出堆栈）。其梯形图表示为

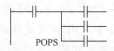

说明：读取由 PSHS 所记忆的运算结果，并且在读出后清除记忆值。

（2）程序举例 梯形图程序及指令表见表 6-15。

表 6-15 梯形图程序及指令表

梯　形　图	指　令　表	时　序　图
X0 X1 Y0 X2 Y1 推入堆栈 X3 Y2 读出堆栈 弹出堆栈 (ED)	0　ST　X0 1　PSHS 2　AN　X1 3　OT　Y0 4　RDS 5　AN　X2 6　OT　Y1 7　POPS 8　AN/　X3 9　OT　Y2	X0 X1 Y0 X2 Y1 X3 Y2

例题解释：

当 X0 接通时，则有：

1）存储 PSHS 指令处的运算结果，当 X1 接通时，Y0 输出（为 ON）。

2）由 RDS 指令读出存储结果，当 X2 接通时，Y1 输出（为 ON）。

3）由 POPS 指令读出存储结果，当 X3 断开时，Y2 输出（为 ON）；且 PSHS 指令存储的结果被清除。

（3）指令使用说明

1）PSHS：存储该指令处的运算结果并执行下一步指令。

2）RDS：读出由 PSHS 指令存储的结果，并利用该内容，继续执行下一步指令。

3）POPS：读出由 PSHS 指令存储的运算结果，并利用该内容，

215

继续执行下一步指令，且 PSHS 指令存储的运算结果被清除。

4）重复使用 RDS 指令，可多次使用同一运算结果，当使用完毕时，一定要用 POPS 指令，如图 6-9 所示。

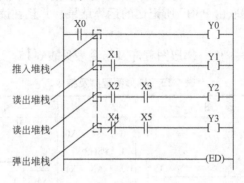

图 6-9　梯形图（三）

8. DF 和 DF/指令

（1）指令功能

1）DF：前沿微分（上升沿微分）指令，输入脉冲前沿使指定继电器接通一个扫描周期，然后复位。上升沿微分指令梯形图表示为

————————(DF)————————

说明：① 仅在检测到信号上升沿的 1 个扫描周期内将触点置为
　　　　ON。
　　　② 步数：1。

2）DF/：后沿微分指令，输入脉冲后沿使指定继电器接通一个扫描周期，然后又复位。下降沿微分指令梯形图表示为

————————(DF/)————————

说明：① 仅在检测到信号下降沿的 1 个扫描周期内将触点置为
　　　　ON。
　　　② 步数：1。

（2）程序举例　梯形图程序及指令表见表 6-16。

表6-16　梯形图程序及指令表

梯　形　图	指　令　表	时　序　图
X0 ├┤├─(DF)──── Y0 X1 ├┤├─(DF/)─── Y1 ─────────(ED)─	0　ST　X0 1　DF 2　OT　Y0 3　ST　X1 4　DF/ 5　OT　Y1	X0 X1 Y0

例题解释：

1）当检测到 X0 接通时的上升沿时，Y0 仅 ON 一个扫描周期。

2）当检测到 X1 断开时的下降沿时，Y1 仅 ON 一个扫描周期。

（3）指令使用说明

1）当触发信号由 OFF→ON 时，执行 DF 指令，并将输出接通一个扫描周期。

2）当触发信号由 ON→OFF 时，执行 DF/指令，并将输出接通一个扫描周期。DF 与 DF/指令无使用次数限制。

（4）应用举例

1）输出由一持续时间较长的输入信号控制时，则自保持电路如图 6-10 所示。

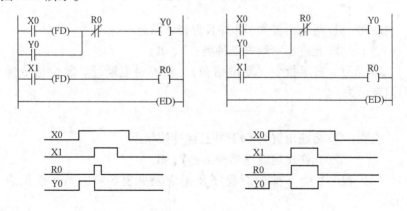

图 6-10　自保持电路

2）用一个信号来控制电路的输出，使之在保持和释放之间交替变化，如图 6-11 所示。

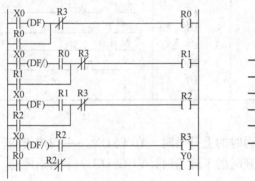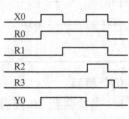

图 6-11　保持和释放交替变化的梯形图和时序图

9. SET、RST 指令

（1）指令功能

1）SET：置 1 指令（置位指令），强制触点接通。置位指令梯形图表示为

———— ⟨ S ⟩————

说明：① 将输出置为 ON 并且保持该状态。

② 允许指定继电器种类：Y，R。

2）RST：置零指令（复位指令），强制触点断开。复位指令梯形图表示为

———— ⟨ R ⟩————

说明：① 将输出置为 OFF 并且保持该状态。

② 允许指定继电器种类：Y，R。

（2）程序举例　梯形图程序及指令表见表 6-17，操作数见表 6-18。

表 6-17 梯形图程序及指令表

梯 形 图	指 令 表	时 序 图
X0 —Y0—(S) X1 —Y0—(R) —(ED)	0 ST X0 1 SET Y0 4 ST X1 5 RST Y0	X0 / X1 / Y0

表 6-18 操作数

指 令	继 电 器			定时器/计数器触点	
	X	Y	R	T	C
SET RST	×	✓	✓	×	×

例题解释：当 X0 接通时，Y0 接通并保持；当 X1 接通时，Y0 断开并保持。

（3）指令使用说明

1）当触发信号接通时，执行 SET 指令；不管触发信号如何变化，输出接通并保持。

2）当触发信号接通时，执行 RST 指令；不管触发信号如何变化，输出断开并保持。

3）对继电器（Y 和 R），可以使用相同编号的 SET 和 RST 指令，次数不限，如图 6-12 所示。

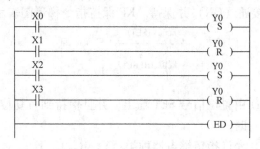

图 6-12 梯形图（四）

4）当使用 SET 和 RST 指令时，输出的内容随运行过程中每一阶段的执行结果而变化。

例如：当 X0、X1 和 X2 接通时，各段程序中 Y0 的状态如图6-13所示。

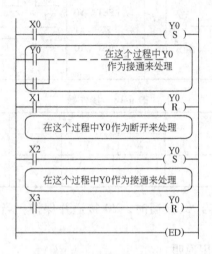

图 6-13　梯形图（五）

当 I/O 刷新时，外部输出应由运行的最终结果决定。如上例中，Y0 将作为 ON 输出。将 DF 指令放在 SET 和 RST 指令前，可以使程序易于开发和改进。

10. KP 指令

（1）指令功能　KP 相当于一个锁存继电器，当置位输入为 ON 时，使输出接通（ON）并保持。KP 保持指令梯形图表示为

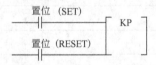

说明：① 由置位信号 SET 输出，并且保持到有复位信号 RESET 时。

② 允许指定继电器种类：Y，R，L，E。

（2）程序举例　梯形图程序及指令表见表6-19，操作数见表6-20。

表 6-19　梯形图程序及指令表

梯 形 图	指 令 表	时 序 图
X0 ─┤├─ ─KP Y0─ X1 ─┤├─ 输出地址 ─(ED)─	0　ST　X0 1　ST　X1 2　KP　Y0	X0 X1 Y0

表 6-20　操作数

指　　令	继 电 器			定时器/计数器触点	
	X	Y	R	T	C
KP	×	✓	✓	×	×

例题解释：当 X0 接通（ON）时，继电器 Y0 接通（ON）并保持。当 X1 接通（ON）时，继电器 Y0 断开（OFF）。

（3）指令使用说明

1）当置位触发信号接通（ON）时，指定的继电器输出接通（ON）并保持。

2）当复位触发信号接通（ON）时，指定的继电器输出断开（OFF）。

3）一旦置位信号将指定的继电器接通，则无论置位触发信号是接通（ON）状态还是断开（OFF）状态，指定的继电器输出保持为 ON，直到复位触发信号接通（ON）。

4）如果置位、复位触发信号同时接通（ON），则复位触发优先。

5）即使在 MC 指令运行期间，指定的继电器仍可保持其状态。

6）当工作方式转换开关从"RUN"切换到"PROG"方式，或当切断电源时，KP 指令的状态不再保持。若要在从"RUN"切换到"PROG"方式或切断电源时保持输出状态，则使用保持型内部继电器。

11. NOP 指令

（1）指令功能　NOP 空操作可用梯形图表示为

────•────

说明：不进行任何操作处理。

（2）程序举例　梯形图程序及指令表见表6-21。

表6-21　梯形图程序及指令表

梯 形 图	指 令 表	时 序 图
X0　NOP　Y0 ┤├─────┤ ├ (ED)	0　ST　X0 1　NOP 2　OT　Y0	X1 ⎍⎍ Y0 ⎍⎍

例题解释：当X1接通时，Y0输出为ON。

（3）指令使用说明

1）NOP指令可用来使程序在检查或修改时易读。

2）当插入NOP指令时，程序的容量稍微增加，但对算术运算结果无影响。

二、基本功能指令

基本功能指令包括一些具有定时器、计数器和移位寄存器功能的指令，见表6-22。

表6-22　基本功能指令

名　称	助 记 符	说　明	步　数
0.01s定时器	TMR	设置以0.01s为单位的延时动作定时器（0~327.67s）	3
0.1s定时器	TMX	设置以0.1s为单位的延时动作定时器（0~3276.7s）	3
1s定时器	TMY	设置以1s为单位的延时动作定时器（0~32767s）	4
辅助定时器	F137（STMR）	以0.01s为单位的延时动作定时器	5
计数器	CT	减数计数器	3
移位寄存器	SR	16位数据左移	1
可逆计数器	F118（UDC）	加减数计数器	5
左右移位寄存器	F119（LRSR）	16位数据区左移或右移	5

1. TMR、TMX 和 TMY 指令（定时器）

（1）指令功能

1）TMR：以 0.01s 为单位设置延时 ON 定时器。其梯形图表示为

$$\dashv\vdash \qquad \ulcorner \text{TMRa,n} \urcorner$$

说明：① 设定值 n×0.01s 后，定时器触点 a 置为 ON。

　　　　② 步数：3（4）。

2）TMX：以 0.1s 为单位设置延时 ON 定时器。其梯形图表示为

$$\dashv\vdash \qquad \ulcorner \text{TMXa,n} \urcorner$$

说明：设定值 n×0.1s 后，定时器触点 a 置为 ON。

3）TMY：以 1s 为单位设置延时 ON 定时器。其梯形图表示为

$$\dashv\vdash \qquad \ulcorner \text{TMYa,n} \urcorner$$

说明：设定值 n×1s 后，定时器触点 a 置为 ON。

（2）程序举例　梯形图程序及指令表见表 6-23，操作数见表 6-24。

表 6-23　梯形图程序及指令表

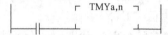

梯 形 图	指 令 表	时 序 图

223

表 6-24　操作数

指　令	继电器			定时器/计数器		寄存器	索引寄存器		常数		索引修正值
	WX	WY	WR	SV	EV	DT	IX	IY	K	H	
预置值	×	×	×	√	×	×	×	×	√	×	×

例题解释：X0 接通（ON）3s 后，定时器触点（T5）接通（ON）。这时"Y0"接通。

（3）指令使用说明

1）TM 指令是一减计数型预置定时器。

2）如果定时器的个数不够用，则可通过改变系统寄存器 No. 5（专门用于系统设置的内部寄存器，在程序中不能使用）的设置来增加其个数。

3）定时器的预置时间为：单位 × 预置值，例如：TMX5 K30（0. 1s × 30 = 3s）

4）当预置值用十进制常数设定时的步骤为

① 当 PLC 的工作式设置为"RUN"，则十进制常数"K30"传送到预置值区"SV5"。

② 当检测到"X0"上升沿（OFF→ON）时，预置值 K30 由"SV5"传送到经过值区"EV5"。

③ 当"X0"为接通（ON）状态时，每次扫描，经过的时间从"EV5"中减去。

④ 当经过值区"EV5"的数据为 0 时，定时器触点（T5）接通（ON），随后"Y0"接通（ON），如图 6-14 所示。

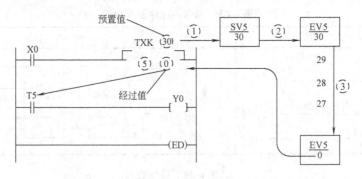

图 6-14　梯形图（六）

5）当预置值用"SVn"设置时的步骤为

① 当检测到"X0"上升沿（OFF→ON）时，预置值 K30 由"SV5"传送到经过值区"EV5"。

② 当"X0"为接通（ON）状态时，每次扫描，经过的时间从"EV5"中减去。

③ 当经过值区"EV5"的数据为 0 时，定时器接点（T5）接通（ON），随后"Y0"接通（ON），如图 6-15 所示。

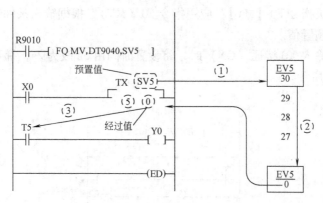

图 6-15　梯形图（七）

6) 使用 TIM 指令时的注意事项

① 如果在定时器工作期间断开定时器触发信号（X0），则其运行中断，且已经过的时间被复位为 0。

② 定时器的预置值区（SV）是定时器预置时间的存储器区。

③ 当定时器的经过值区（EV）的值变为 0 时，定时器的接点动作，且定时器经过值区（EV）的值在复位条件下，也变为 0。

④ 每个 SV、EV 为一个字，即 16 位存储器区。

⑤ 一旦断电工作方式从"RUN"切换为"PROG"，则定时器被复位。若想保持其运行中的状态，则可通过设置系统寄存器 No. 6 来实现。

⑥ 因定时操作是在定时器指令扫描期间执行，故用定时器指令编程时，应使 TM 指令每次扫描只执行一次（当程序中有 INT、JP、LOOP& 某些其他这类指令时，应确保 TM 指令每次扫描只执行一次）。

7) 改变预置值区（SV）的值。利用 F0（MV）指令或编程工具（FP 编程器 II 或 NPST. GR），均可改变所有的控制单元预置值区（SV）的值，甚至在"RUN"方式下亦可。预置值区中，SV 编号规定的取值范围是：FP1 的 C14 与 C16 系列为 SV0 ~ SV127；所有 FP1 的 C24、C40、C56、C72 系列为 SV0 ~ SV143。

高级指令 F0【MV】：应用指令 F0（MV），根据输入条件来改变定时器预置值。

当输入 X0 接通（ON）时，将设置时间由 5s 改为 2s，梯形图如图 6-16 所示。

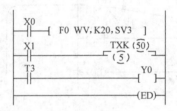

图 6-16　梯形图（八）

（4）应用举例　当用两个定时器指令时，程序举例 1 见表 6-25，程序举例 2 见表 6-26。

表 6-25　程序举例 1

梯 形 图	指 令 表	时 序 图
	ST　　X0	
	TN　　X0	
	K　　30	
	TN　　X1	
	K　　20	
	ST　　T0	
	OT　　Y0	
	ST　　T1	
	OT　　Y1	

表 6-26　程序举例 2

梯　形　图	指　令　表	时　序　图
	ST　　X0	
	PSHS	
	TN　　X0	
	K　　30	
	POPS	
	TN　　X1	
	K　　20	
	ST　　T0	
	OT　　Y0	
	ST　　T1	
	OT　　Y1	

2. STMR（F137）辅助定时器指令

（1）指令 STMR 功能　以 0.01s 为单位设置延时 ON 定时器（0.01 ~ 327.67s），仅适于 FP1 系列 C56、C72 使用。梯形图表示为

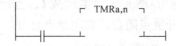

说明：设定值 n×0.01s 后，定时器触点 a 置为 ON。

（2）程序举例　梯形图程序及指令表见表 6-27，操作数见表 6-28。

表 6-27　梯形图程序及指令表

梯　形　图	指　令　表	时　序　图
	ST　　X0	
	F137　（STMR）	
	K　　300	
	OT　　S	
	ST　　R900D	
	OT　　R5	

S	设定定时器预置值的 16 位等值常数或 16 位数据区
D	设定定时器经过值的 16 位数据区

表 6-28　操作数

操作数	继　电　器			定时器/计数器		寄存器	索引寄存器		常数		索引修正值
	WX	WY	WR	SV	EV	DT	IX	IY	K	H	
S	√	√	√	√	√	√	√	√	√	√	×
D	×	√	√	√	√	√	×	×	×	×	×

例题解释：当触发信号 X0 接通时，十进制常数 K300 传送到数据寄存器 DT5。X0 接通 3s 后，特殊内部继电器 R900 D 接通，随之内部继电器 R5 接通。

指令使用说明：F137（STMR）是一减计数型定时器。

使用特殊内部继电器 R900D 作为定时器的触点编程时，务必将 R900D 编写在紧随 F137（STMR）指令之后。

3. CT 计数器指令

（1）指令 CT 功能　为预置计数器，完成减计数操作，当计数输入端信号从 OFF 变为 ON 时，计数值减 1，当计数值减为零时，计数器为 ON，使其常开触点闭合，常闭触点打开。可用梯形图表示为

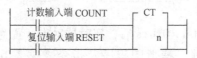

说明：从预置的设定值 n 开始进行减计数。

（2）程序举例　梯形图程序及指令表见表 6-29，操作数见表 6-30。

表 6-29　梯形图程序及指令表

梯　形　图	指　令　表	时　序　图
X0 预置值 CTK10 X1 100 C100 计数器编号 Y0	0　ST　X0 1　ST　X1 2　CT　K100 　　K　10 5　ST　C100 6　OT　Y0	X0 10次 X1 C100 Y0

表 6-30　操作数

指令	继　电　器			定时器/ 计数器		寄存器	索引寄存器		常　　数		索引 修正值
	WX	WY	WR	SV	EV	DT	IX	IY	K	H	
预置值	×	×	×	√	×	×	×	×	√	×	×

例题解释：当"X0"的上升沿检测到 10 次时，计数器触点"C100"接通，随后 Y0 接通。当"X1"接通时，经过值"EV100"复位。若要使计数器恢复计数，则需将复位触发信号接通后，再断开。

（3）指令使用说明

1）CT 指令是一减计数型预置计数器。

2）如果 CT 个数不够，可通过改变系统寄存器 No. 5 的设置来增加其个数。

3）当用 CT 指令编程时，一定要编入计数与复位信号。

4）计数触发信号：每检测到一次上升沿时，则从经过值区"EV"减 1（例题中 X0 为计数触发信号）。

5）复位触发信号：当该触发信号"ON"时，计数器复位（例题中 X1 为复位触发信号）。

（4）计数器运行　预定值用十进制常数设定：

1）当 PLC 的工作方式设置为"RUN"时，十进制常数"K10"被送到预置值区"SV100"。如果这时复位触发信号"X1"为"OFF"，则预置区"SV100"中的"K10"被传送到经过值区"EV100"。

2）每次检测到计数触发信号"X0"的上升沿，经过值区"EV100"的值减 1。

3）当经过值区"EV"变为 0 时，计数器接点"C100"接通，随后 Y0 接通。

4）当复位触发信号"X1"接通（ON）时，经过值区

"EV100"复位。当检测到X1的下降沿时，"SV100"中的值再次送到"EV100"，如图6-17所示。

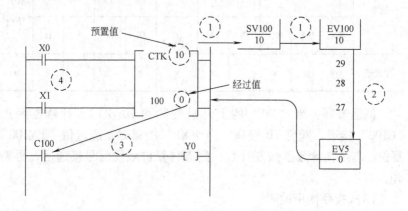

图6-17 梯形图（九）

预置值用"SVn"设定：

1）当PLC的工作方式设置为"RUN"时，且复位触发信号"X1"为OFF时，预置值区"SV100"中的"K10"被传送到经过值区"EV100"中。

2）每次检测到计数触发信号"X0"的上升沿，经过值区"EV100"的值减1。

3）当经过值区"EV"变为0时，计数器接点"C100"接通，随后Y0接通。

4）当复位触发信号"X1"接通（ON）时，经过值区"EV100"复位。当检测到X1的下降沿时，"SV100"中的值再次送到"EV100"，如图6-18所示。

（5）使用计数器指令时应注意的问题

1）如果在用FP编程器Ⅱ的OP－0（全清）或NPST－GR的（程序清除）功能进行程序清除之后使用计数器，且当开关切换到"RUN"且复位输入（X1）由ON→OFF时，其值自动传送到经过值寄存器（EV）。

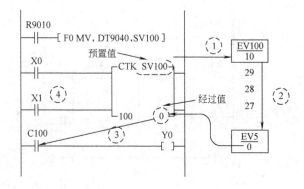

图 6-18 梯形图 (十)

2) 计数器的预置值区 (SV) 是计算器预置值的存储区。

3) 当计数器的经过值区 (EV) 的值变为 0 时, 计数器的触点动作。且计数器经过值区 (EV) 的值在复位条件下, 也变为 0。

4) 每个 SV、EV 为一个字, 即 16 位存储器区。对每个定时器号, 对应有一组 SV、EV。

5) 即使断电或工作方式由 "RUN" 切换到 "PROG", 计数器也不复位。如果需要将计数器设置为非保持型, 则可设置系统寄存器 No. 6。

6) 当同时检测到计数触发信号与复位触发信号时, 复位信号优先。

(6) 改变预置值区 (SV) 的值

利用 F0 (MV) 指令或编程工具 (FP 编程器 II, 或 NPST—GR), 所有的控制单元均可改变预置值区 (SV) 的值, 甚至在 RUN 方式亦可。预置值区中, SV 编号规定的范围是: C14 与 C16 系列为 SV0 ~ SV127; C24、C40、C56、C72 系列为 SV0 ~ SV143。

高级指令 F0 (MV): 应用指令 F0 (MV), 根据输入条件改变计数器预置值。

例如: 当输入 X0 接通时, 将预置由 K50 改为 K20, 其梯形图如图 6-19 所示。

231

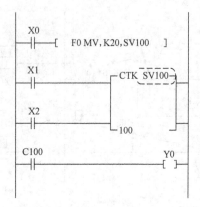

图 6-19 梯形图（十一）

4. UDC（F118）加/减计数器指令

（1）指令 UDC 功能　作为加/减计数器使用。当加/减触发信号输入为 OFF 时，在计数触发信号的上升沿到来时作减 1 计数。当加/减触发信号输入为 ON 时，在计数触发信号的上升沿到来时作加 1 计数。当复位触发信号到来时（OFF→ON）计数器复位（计数器经过值区 D 变为零）。当复位触发信号由 ON→OFF 时，预置区 S 中的值传送给 D。可用梯形图表示为

说明：① 对应于加减输入（UP/DOWN），从预置的设定值 S 开始进行加计数或减计数。

　　　② 允许指定继电器种类：

　　　　S：WX，WY，WR，WL，SV，EV，DT，常数 K，常数 H。

　　　　D：WY，WR，WL，SV，EV，DT，LD，FL。

（2）程序举例　梯形图程序及指令表见表 6-31，操作数见表 6-32。

表 6-31 梯形图程序及指令表

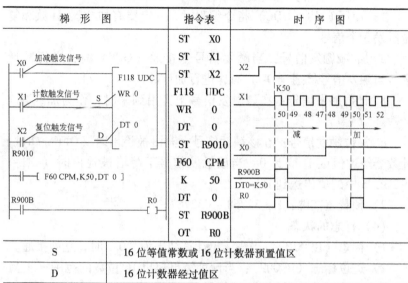

梯 形 图	指令表	时 序 图

S	16 位等值常数或 16 位计数器预置值区
D	16 位计数器经过值区

表 6-32 操作数

操作数	继电器			定时器/计数器		寄存器	索引寄存器		常数		索引修正值
	WX	WY	WR	SV	EV	DT	IX	IY	K	H	
S	√	√	√	√	√	√	×	×	√	√	×
D	×	√	√	√	√	√	×	×	×	×	×

例题解释：当检测到复位触发信号 X2 的上升沿（OFF→ON）时，"0"传送到数据寄存器 DT0。若此时检测到 X2 的下降沿（ON→OFF），内部字继电器 WR0 中的数据传送到 DT0。

在加/减触发信号 X0 处于 ON 状态下，当检测到计数触发信号 X1 的上升沿时，DT0 加 1。

在 X0 处于 ON 状态下，当检测到 X1 的上升沿时，DT0 减 1。

使用 F60（CMP）指令，将 DT0 中的数据与 K50 进行比较。

如果 DT0 = K50，特殊内部继电器 R900B（=标志）接通，随之内部继电器 R0 接通。

（3）指令使用说明

1）使用 F118（UDC）指令编程时，一定要有加/减、计数和复位触发 3 个信号。

a. 加/减触发信号：当触发信号未接通（OFF）时，进行减计数。当触发信号接通（ON）时，进行加计数。

b. 计数触发信号：在该触发信号上升沿到来时，作为加或减 1 计数。

c. 复位触发信号：在该触发信号上升沿被检出时（OFF→ON），计数器经过值区 D 变为 0。当该触发信号下降沿被检出时（ON→OFF），S 中的值传送到 D。

2）预置值范围：K—32768 ~ K32767。

（4）标志的状态

1）标志（R900B）：当辨认出计算结果为"0"时，立即接通。

2）进位标志（R9009）：当计算经果超出 16 位数的范围（上溢或下溢）时，立即接通。16 位数据的范围：K—32768 ~ K32767（H8000 ~ H7FFFF）。

（5）应注意的问题

1）使用特殊数据继电器 R900B 与 R9009 作为这条指令的标志时，切记将特殊继电器紧跟在指令后面编程。

2）只有当复位触发信号的上升沿被检出时，S 中的值才被传送到 D。在电源接通时，如果需要将计数器复位，可用特殊内部继电器 R9013 编写一个程序（当可编程序控制器的工作方式置为 RUN 或者当 PLC 处于 RUN 方式下，将电源接通时，R9013 只接通一个扫描周期）。

3）当复位触发信号的下降沿和计数触发信号的上升沿同时被检测到时，复位触发信号优先。

5. SR 左移寄存器指令

（1）指令 SR 功能　相当于一个串行输入移位寄存器。移位寄存器必须按数据输入，移位脉冲输入，复位输入和 SR 指令的顺序编程。数据在移位脉冲输入的上升沿逐位向高位移位一次，最高位溢出，当复位信号输入到来时，参与移位的内容全部复位（变为

"0"）。该指令的功能只能为内部字继电器 WR 的 16 位数据左移 1
位。SR 寄存器移位梯形图表示为

说明：① 将 WRn 向左移位 1bit。

② 允许指定继电器种类：D，WR。

（2）程序举例　梯形图程序及指令表见表 6-33，操作数见表
6-34。

表 6-33　梯形图程序及指令表

梯　形　图	指　令　表	时　序　图
X0 数据输入 X1 移位触发信号 X2 复位触发信号 SR WR3	ST　　X0 ST　　X1 ST　　X2 SR　　WR3	X0 X1 X2 R30 R31 R32 R33 R34
数据区	16 位数据区（WR）左移 1 位	

表 6-34　操作数

操作数	继电器			定时器/计数器		寄存器	索引寄存器		常数		索引修正值
	WX	WY	WR	SV	EV	DT	IX	IY	K	H	
SR	×	×	√	×	×	×	×	×	×	×	×

例题解释：如果当 X2 为输入 OFF 状态时移位输入（X1）接通（ON），内部继电器 WR3（即内部继电器 R30 到 R3F）的内容，向左移动 1 位。

如果数据输入（X0）输入 ON，则左移 1 位后，R30 置为 1，如果数据输入（X0）输入 OFF，则左移 1 位后，R30 置为 0。

如果复位输入 X2 接通（上升沿）则 WR3 的内容被清除（WR3 的所有位变为"0"）。

（3）指令使用说明

1）指定的数据区左移 1 位（移到高位）。

2）在用 SR 指令编程时，一定要有数据输入、移位和复位触发信号。

3）数据输入信号：当输入为 ON 时，新移进数据为 1。当输入为 OFF 时，新移进数据为 0。

4）移位触发信号：在该触发信号上升沿时数据左移 1 位。

5）复位信号：在该触发信号为 ON 时，数据区所有位变为"0"。

6）该指令只限用于内部字继电器（WR）。

内部字继电器（WR）编号范围：FP1 的 C14 和 C16 系列为 WR0 ~ WR15；所有 FP1 的 C24、C40、C56&C72 系列为 WR0 ~ WR62。

6. LRSR（F119）*左/右移位寄存器指令*

（1）指令 LRSR 功能　可指定数据在某一个寄存器区（16 位数据区）进行左右移位。F119 寄存器左右移位梯形图表示为

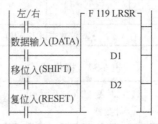

说明：① 将指定区域 D1 ~ D2 向左或向右移位（1bit）。

② 允许指定继电器种类：

D1：WY，WR，WL，SV，EV，DT，LD，FL。

不允许索引寄存器修饰：

D2：WY，WR，WL，SV，EV，DT，LD，FL。

（2）程序举例　梯形图程序及指令表见表6-35，操作数见表6-36。

表6-35　梯形图程序及指令表

梯　形　图	指　令　表	时　序　图
X0 左/右移触发信号 F119 LRSR X1 数据输入 X2 移位触发信号 复位触发信号 D1 WR 3 D2 WR 3	ST　　X0 ST　　X1 ST　　X2 ST　　X3 F119　（LRSR） 　　　　WR3 　　　　WR3	X0 X1 X2 R30 R31 R32 R33 R34 R35
D1	向左或向右移1位的16位区首地址	
D2	向左或向右移1位的16位区末地址	

表6-36　操作数

操作数	继电器			定时器/计数器		寄存器	索引寄存器		常数		索引修正值
	WX	WY	WR	SV	EV	DT	IX	IY	K	H	
D1	×	√	√	√	√	√	×	×	×	×	×
D2	×	√	√	√	√	√	×	×	×	×	×

例题解释：如果 D1→TD0、D→TD9 为两个寄存器，当检测到移位触发信号 X2 的上升沿（OFF→ON），左/右移触发信号 X0 处于接通状态时，数据区从 DT0 向 DT9 左移 1 位。

当检测到移位触发信号 X2 的上升沿（OFF→ON），左/右移触发信号 X0 处于接通状态时，数据区从 DT9 向 DT0 右移 1 位。

若 X1 处于接通状态，"1" 被移到数据区的最低有效位（LSB）或最高有效位（MSB）；若 X1 处于断开状态，"0" 被移到数据区的最低有效位（LSB）或最高有效位（MSB）。

移出位传送到特殊内部继电器 R9009（进位标志）。

当检测到移位触发信号 X3 的上升沿（OFF→ON）时，从 DT0 ~ DT9 数据区的所有位都变为 "0"。

左移运行如图 6-20 所示，右移运行如图 6-21 所示。

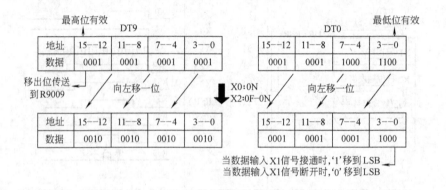

图 6-20　左移运行

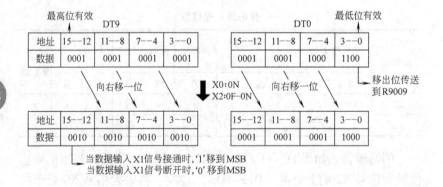

图 6-21　右移运行

（3）指令使用说明

用 F119（LRSR）编程时，一定要有左/右移触发信号、数据输入、移位与复位触发 4 个信号。

1）左/右移位触发信号：规定移动方向。ON：向左移；OFF：向右移。

2）数据输入：规定新移入的数据。新移入的数据"1"：当数据接入信号接通时；新移入的数据"0"：当数据接入信号断开时。

3）移位触发信号：当该触发信号的上升沿被检出（OFF→ON）时，向左或向右移 1 位。

4）复位触发信号：当该触发信号接通时，数据区规定 D1 和 D2 的所有位均变为"0"。

（4）标志的状态

1）错误标志（R9007）：当被指定的 16 位区首地址（D1）大于被指定的 16 位末地址（D2）（即 D1 ＞ D2）时，R9007 接通并保持接通状态。错误地址传送到 DT9017 并保持。

2）错误标志（R9008）：当被指定的 16 位区首地址（D1）大于被指定的 16 位末地址（D2）（即 D1 ＞ D2）时，R9008 接通一瞬间。错误地址传送到 DT9018。

3）进位标志（R9009）：当位移出识别为"1"时，立即接通。

（5）注意事项

1）特殊数据寄存器 DT9017 和 DT9018 可用于：CPU 为 2.7 获 2.7 以上的版本的 FP1 型机（所有型号后带"B"的 FP1 型机均具有此功能）。

2）当使用特殊内部继电器 R9008 和 R9009 作为该指令的标志时，务必将标志地址紧挨指令之后。

3）规定 D1 和 D2 在同类数据区，且数据区地址务必满足 D1 ＜＜D2。

4）如果指定区设置为保持型，当工作方式置为 RUN 状态时，数据区中的数据不复位。如果需要所有的数据复位，可用特殊内部继电器 R9013 作为复位触发信号。当可编程序控制器置为 RUN 工作方式时，R9013 只接通一个扫描周期的时间。

复习思考题

1. 设计一台电动机运转 10s 后停止 5s，如此循环动作 3 次的控制程序。

2. 设计两台电动机控制程序，要求是：第一台运转 5s 后停止，切换到第二台运转，运转 10s 后自动停止。

3. PLC 可逆运行能耗制动控制程序，按 SB1，KM1 合，电机正转；按 SB2，KM2 合，电机反转；按 SB3，KM1 或 KM2 停，能耗制动。FR 动作，KM1 或 KM2 释放电机自由停车。

4. 设计一个楼梯灯控制程序，要求如下：只用一个按钮，当按一次按钮时，楼梯灯亮 6min 后自动熄灭；当连续按两次按钮时，灯长亮不灭；当按下按钮的时间超过 2s 时灯熄灭。

5. 三台电动机的起动和停止需要顺序控制，要求是：

（1）M1 运行 5s 后，M2 开始运行；（2）M2 运行 5s 后，M3 开始运行，M1 停止运行；（3）M3 运行 5s 后，M2 停止运行；（4）M3 运行 10s 后，M1 开始运行，M3 停止运行。

6. 设计三台电动机控制程序，每隔 10s 起动一台，每台运行 1h 后自动停止。在任何时候按下停止按钮三台电动机都停止。

7. 根据图 6-22 中所示的时序图编写程序。

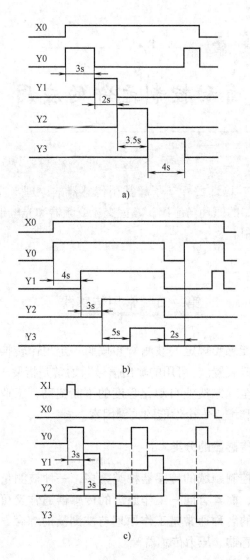

a)

b)

c)

图 6-22 时序图

第七章

自动控制元件的应用

培训目标 了解常用传感器的原理与应用；熟悉软起动器的原理与应用；掌握交流变频器和光电编码器的原理与应用。

第一节　常用传感器

传感器是能感受规定的被测量并按照一定规律转换成可用的输出信号的器件或装置。"可用的输出信号"通常是指便于处理和传输的信号。随着全球制造业自动化程度的不断提高，工业传感器成为提高生产能力和增强安全性能的关键因素。

一、常用传感器的分类

用于工业控制领域的传感器种类繁多，一种被测量可以用多种传感器来测量，而具有同一工作原理的传感器通常又可测量多种被测量。传感器的名称通常是工作原理与被测量的综合，如：光敏传感器、温度传感器、压力传感器等。

二、常用传感器的原理与应用

1. 光敏传感器

光敏传感器在检测和控制中应用非常广泛。由于光信号对光敏元件的作用原理不同，所以制成的光学测控系统也是多种多样的，如图 7-1 所示。

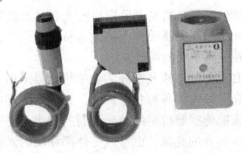

图 7-1 常用光敏传感器

（1）光敏传感器的分类 按电源分为交流型和直流型，光敏传感器的符号如图 7-2 所示。

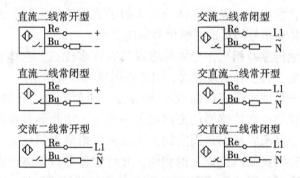

图 7-2 常用光敏传感器符号

按光敏元件输出量性质不同可分为两类：即模拟式光敏传感器和脉冲（开关）式光敏传感器。

模拟式光敏传感器是将被测量转换成连续变化的光电流，它与被测量呈线性关系。模拟式光敏传感器按被测量（检测目标物体）可分为透射（吸收）式、漫反射式、遮光式（光束阻挡）三大类。

透射式光敏传感器是指被测物体放在光路中，光源发出的光能量穿过被测物，部分被吸收后，透射光投射到光敏元件上。

漫反射式光敏传感器由发射器和接收器组成，由发射极射出的红外线经被测物体的表面反射回接收器，转变成电信号并经过放大后去控制输出。

遮光式光敏传感器是指当光源发出的光通量被被测物体遮挡了其中一部分，使投射到光敏元件上的光通量发生改变，其改变的程度与被测物体在光路中的位置有关。

（2）光敏传感器的组成及原理　光敏传感器采用光学元件，并按照光学定律和原理构成各种各样的波，光学元件有各种反射镜和透镜。一般的光敏传感器检测的是光强弱的变化，使用的光源可以是光敏传感器的本身的光源，也可以是外部环境的光源。由于光线的类型有很多种，因此不同的传感器使用的光线检测方法也是不同的。

光敏传感器主要由光源（发光二极管）、接收器（光敏晶体管）、放大器（比较器）及信号转换器（施密特触发器）组成。当发光二极管发出光，光敏晶体管对入射的光线进行分析，经过放大比较环节将光信号转换成了电信号输出。

与其他传感器相比，光敏传感器具有许多优点。它体积小，敏感范围很宽，有多种安装形式，因此应用范围非常广泛。

漫射—聚焦式传感器是效率较高的一种漫反射式光敏传感器。发光器透镜聚焦在传感器前面固定的一点上，接收器透镜也聚焦在同一点上。其敏感范围是固定的，这取决于聚焦点的位置。这种传感器能够检测在焦点位置上的物体，允许物体前后偏离焦点一定距离，这个距离称作"敏感窗口"。当物体在敏感窗口以外，在焦点之前或之后便检测不到。敏感窗口的大小取决于目标的反射性能和灵敏度的调节状况。由于射出的光能聚焦在一个点上，所以很容易地就能检测到窄小的物体或者反射性能差的物体，其工作原理如图 7-3 所示。

普通的漫反射式光敏传感器往往会把背景物体误认为是目标物体。具有背景光抑制功能的漫反射式光敏传感器可以有效地改善这种情况，抑制背景光的方法从技术上讲有两种：一种是机械方法，另一种是电子方法。

对于具有电子式背景光抑制功能的漫射式光敏传感器，在传感器中使用一只位置敏感元件。发光器发出一束光线，光束反射回来，

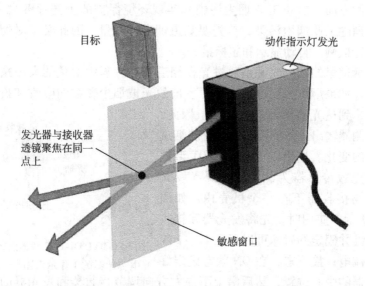

图 7-3　普通的漫射式光敏传感器的工作原理

从目标物体反射回来的光线和从背景物体反射回来的光线到达位置敏感元件的两个不同位置。传感器对到达位置敏感元件这两点的光进行比较，并将这个信号与事先设定的数值进行比较，从而决定输出。其工作原理如图 7-4 所示。

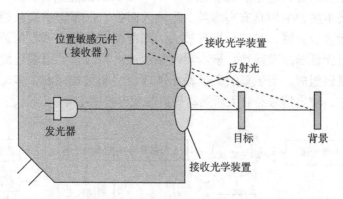

图 7-4　具有电子式背景光抑制功能的漫射式光敏传感器的工作原理

（3）光敏传感器的应用　透射式光敏传感器可以应用在烟尘浊

度监测方面。防止工业烟尘污染是实现环境保护的重要任务之一。为了消除工业烟尘污染，首先要知道烟尘排放量，因此必须对烟尘源进行监测、自动显示和超标报警。

烟道里的烟尘浊度是通过光在烟道传输过程中变化的大小来检测的。如果烟道浊度增加，光源发出的光被烟尘颗粒的吸收和折射增加，到达光检测器的光减少。因此，光检测器输出信号的强弱便可反映烟道浊度的变化。这里以 BYD3M-TDT 型透射式光敏传感器为例，其光源（发光器）与接收器不在一个机壳内，如图7-5 所示。使用时，先将发光器和接收器对准并固定好后才可以通入 12～24V 的直流电；接下来，在 ON 状态设定好

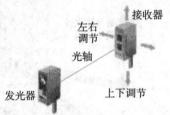

图7-5　BYD3M-TDT 型透射式光电传感器的工作示意图

发光器的中心位置，然后沿上下左右方向调节接收器和发光器的位置；最后，待检测目标稳定后固定好发光器和接收器。

图7-6 所示为吸收式烟尘浊度监测系统的组成框图。为了检测出烟尘中对人体危害性最大的亚微米颗粒的浊度，以及避免水蒸气及二氧化碳对光源衰减的影响，故选用 400～700nm 波长的白炽光源。光检测器则是光谱响应范围为 400～600nm 的光电管。为了提高检测灵敏度，采用具有高增益、高输入阻抗、低零漂、高共模抑制比的运算放大器，对信号进行放大。刻度校正被用来调零与调满刻度，以保证测试准确性。显示器可显示浊度瞬时值。报警电路由多谐振荡器组成，当运算放大器输出浊度信号超过规定时，多谐振荡器工作，输出信号经放大后推动扬声器发出报警信号。

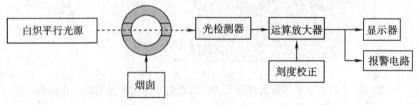

图7-6　吸收式烟尘浊度监测系统的组成框图

2. 温度传感器

（1）温度传感器的发展　目前，国际上新型温度传感器正从模拟式向数字式、由集成化向智能化及网络化的方向发展。温度传感器大致经历了以下三个发展阶段：

1）传统的分立式温度传感器（含敏感元件），主要是能够进行非电量和电量之间的转换。

2）模拟式集成温度传感器。

3）智能化温度传感器。

（2）温度传感器的分类　按传感器与被测介质的接触方式不同，温度传感器可分为两大类：一类是接触式温度传感器，一类是非接触式温度传感器。

接触式温度传感器的测温元件与被测对象要有良好的接触，通过热传导及对流原理达到热平衡，这时的显示值即为被测对象的温度。这种测温方法精度比较高，并可测量物体内部的温度分布。但对于运动的、热容量比较小并且对感温元件有腐蚀作用的被测对象，采用这种方法将会产生很大的误差。

非接触式温度传感器的测温元件与被测对象互不接触。常用的是辐射热交换原理。这种测温方法的主要特点是可测量运动状态的小目标及热容量小或变化迅速的对象，也可测量被测对象的温度分布，但缺点是受环境的影响比较大。

（3）常用温度传感器的原理及应用

1）传统的分立式温度传感器——热电偶传感器。热电偶传感器是工业测量中应用非常广泛的一种温度传感器，它与被测对象直接接触，不受中间介质的影响，具有较高的精确度，测量范围广，可从 -50 ~ 1600℃ 进行连续测量，特殊的热电偶如：铁-镍铬热电偶最低可测到 -269℃，钨-铼热电偶最高可测到 2800℃，如图 7-7 所示。

图 7-7　热电偶温度传感器

热电偶由两种不同金属结合而成，它受热时会产生微小的电压，电压的大小取决于组成热电偶的两种金属材料，如：铁-康铜（J型）、铜-康铜（T型）和铬-铝（K型）等。

热电偶产生的电压很小，通常只有几毫伏。K型热电偶的温度每变化1℃时电压变化只有大约40μV，因此，测量系统要能测出4μV的电压变化测量精度才可以达到0.1℃。

由于两种不同类型的金属结合在一起会产生电位差，所以热电偶与测量系统的连接也会产生电压。一般把连接点放在隔热块上，以减小这一影响，使两个连接点处在同一温度下，从而降低误差。有时候也会测量隔热块的温度，以补偿温度的影响，如图7-8所示。

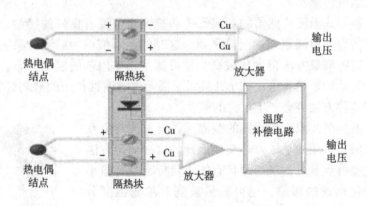

图7-8　热电偶测温原理

测量热电偶电压要求的增益一般为100～300，而热电偶的噪声也会放大同样的倍数。通常采用测量放大器来放大信号，因为它可以去除热电偶连线中的共模噪声；还可以用热电偶信号调节器如AD594/595来简化硬件接口。

2）模拟式集成温度传感器。模拟式集成传感器是采用硅半导体集成工艺制成的，因此也称为硅传感器或单片集成温度传感器。模拟式集成温度传感器是在20世纪80年代问世的，它将温度传感器集成在一个芯片上，可完成温度测量及模拟信号输出等功能。模拟式集成温度传感器的主要特点是功能单一（仅测量温度）、测温误差小、价格低、响应速度快、传输距离远、体积小、低功耗等,适合远距离测温,不需要进行非线性校准,外围电路简单。

① AD590 温度传感器。AD590 电流输出型温度传感器是典型的模拟式集成温度传感器,如图 7-9 所示。供电电压范围为 3 ~ 30V,输出电流 223 ~ 423μA,灵敏度为 1μA/℃。当在电路中串接采样电阻 R 时,R 两端的电压可作为输出电压。注意 R 的阻值不宜取值过大,以保证 AD590 温度传感器两端电压不低于 3V。AD590 温度传感器输出电流信号传输距离可达到 1km 以上。适用于多点温度测量和远距离温度测量的控制。

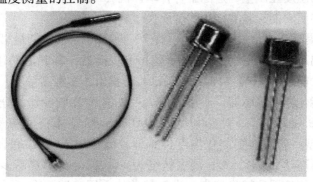

图 7-9　AD590 温度传感器两种不同的封装形式

② LM135/235/335 系列温度传感器。LM135/235/335 系列温度传感器是美国国家半导体公司(NS)生产的一种高精度易校正的集成温度传感器,其外形如图 7-10 所示。其工作特性类似于齐纳稳压管。该系列器件灵敏度为 10mV/K,具有小于 1Ω 的动态阻抗,工作电流范围从 400μA ~ 5mA,精度为 1℃,LM135 的温度范围为 -55 ~ +150℃,LM235 的温度范围为 -40 ~ +125℃,LM335 为 -40 ~ +100℃。封装形式有 TO - 46、TO - 92、SO - 8。该系列温度传感器广泛应用于温度测量、温差测量以及

图 7-10　LM135 温度传感器

温度补偿系统中。

3）智能化温度传感器。智能化温度传感器（又称为数字式温度传感器）是在 20 世纪 90 年代中期问世的。它是微电子技术、计算机技术和自动测试技术的结晶。目前，国际上已开发出多种智能化温度传感器系列产品。智能化温度传感器内部包含温度传感器、A/D 转换器、信号处理器、存储器（或寄存器）和接口电路。有的产品还带多路选择器、中央控制器（CPU）、随机存取存储器（RAM）和只读存储器（ROM）。智能化温度传感器能输出温度数据及相关的温度控制量，适配于各种单片机（MCU），并且可通过软件来实现测温功能，其智能化程度取决于软件的水平。

① 提高测温精度和分辨力。在 20 世纪 90 年代中期最早推出的智能化温度传感器，采用的是 8 位 A/D 转换器，其测温精度较低，分辨力只能达到 1℃。目前，国外已相继推出了多种高精度、高分辨力的智能化温度传感器，所用的是 9 ~ 12 位 A/D 转换器，分辨力一般可达 0.0625 ~ 0.5℃。由美国 DALLAS 半导体公司新研制的 DS1624 型高分辨力智能化温度传感器，能输出 13 位二进制数据，其分辨力高达 0.03125℃，测温精度为 ±0.2℃。为了提高多通道智能化温度传感器的转换速率，也有的芯片采用高速逐次逼近式 A/D 转换器。以 AD7817 型 5 通道智能化温度传感器为例，它对本地传感器、每一路远程传感器的转换时间分别仅为 27μs、9μs。

② 增加测试功能。新型智能化温度传感器的测试功能也在不断增强。例如，DS1629 型单线智能化温度传感器增加了实时日历时钟（RTC），使其功能更加完善。DS1624 型高分辨力智能化温度传感器还增加了存储功能，利用芯片内部 256B 的 EEPROM 存储器，可存储用户的短信息。另外，智能化温度传感器正从单通道向多通道的方向发展，这就为研制和开发多路温度测控系统创造了良好条件。

智能化温度传感器都具有多种工作模式可供选择，主要包括单次转换模式、连续转换模式、待机模式，有的还增加了低温极限扩展模式，而且操作非常简便。对某些智能化温度传感器来说，主机（外部微处理器或单片机）还可以通过相应的寄存器来设定其 A/D 转换速率（典型产品为 MAX6654）、分辨力及最大转换时间（典型产品为 DS1624）。

智能化温度控制器是在智能化温度传感器的基础上发展而成的。典型产品有 DS1620、DS1623、TCN75、LM76、MAX6625。智能化温度控制器适配各种微控制器，构成智能化温控系统。它们还可以脱离微控制器单独工作，自行构成一个温控仪。

3. 压力传感器

压力传感器的种类繁多，如电阻应变片压力传感器、半导体应变片压力传感器、压阻式压力传感器、电感式压力传感器、电容式压力传感器、谐振式压力传感器等。它具有极低的价格和较高的精度以及较好的线性特性。

（1）应变片压力传感器 在了解压阻式压力传感器时，我们首先认识一下金属电阻应变片这种元件。电阻应变片是一种将被测件上的应变变化转换成为一种电信号的敏感元件。电阻应变片应用最多的是金属电阻应变片和半导体应变片两种。金属电阻应变片又有丝状应变片和金属箔状应变片两种。通常是将应变片通过特殊的粘和剂紧密地粘合在产生力学应变的基体上，当基体受力发生应力变化时，电阻应变片也一起产生形变，使应变片的阻值发生改变，从而使施加在电阻上的电压发生变化。这种应变片在受力时产生的阻值变化通常较小，一般这种应变片都组成应变电桥，并通过后续的仪表放大器进行放大，再传输给处理电路（通常是 A/D 转换和 CPU）或执行机构。

图 7-11 所示为金属电阻应变片的内部结构，它由基体、金属电阻应变丝（或应变箔）、绝缘保护层和引出线等部分组成。根据不同的用途，电阻应变片的阻值可以由设计者设计，但电阻的取值范围应注意：阻值太小，所需的驱动电流太大，同时应变片的发热致使本身的温度过高，不同的环境中使用，使应变片的阻值变化太

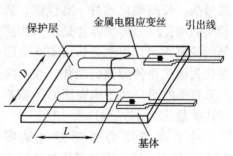

保护层　金属电阻应变丝　引出线

基体

图 7-11　金属电阻应变片的内部结构

大，输出零点漂移明显，调零电路过于复杂。而电阻太大，阻抗太高，抗外界的电磁干扰能力较差。一般均为几十欧至几十千欧左右。

金属电阻应变片的工作原理是吸附在基体上的应变电阻随机械形变而产生阻值的变化，即电阻应变效应。金属导体的电阻值可用公式表示为：

$$R = \frac{\rho L}{S} \tag{7-1}$$

式中　ρ——金属导体的电阻率（$\Omega \cdot cm^2/m$）。

　　　S——导体的横截面积（cm^2）；

　　　L——导体的长度（m）。

我们以金属丝应变电阻为例，当金属丝受外力作用时，其长度和横截面积都会发生变化，从式（7-1）可很容易看出，其电阻值也会发生改变。假如金属丝受外力作用而伸长时，其长度增加，而横截面积减少，电阻值便会增大。当金属丝受外力作用而压缩时，长度减小而横截面积增加，电阻值则会减小。只要测量出加在电阻上的电压变化（通常是测量电阻两端的电压），即可获得应变金属丝的应变情况。

（2）陶瓷压力传感器　陶瓷是一种公认的高弹性、抗腐蚀、抗磨损、抗冲击和振动的材料。陶瓷的热稳定特性及它的厚膜电阻可以使它的工作温度范围高达 $-40 \sim$ 135℃，而且具有测量的高精度、高稳定性。电气绝缘程度大于 2kV，输出信号强，长期稳定性好。高性能、低价格的陶瓷压力传感器将是压力传感器的发展方向，在欧美等国家有全面替代其他类型传感器的趋势，在中国越来越多的用户使用陶瓷压力传感器替代扩散硅压力传感器。

对于陶瓷压力传感器（见图 7-12），压力直接作用在陶瓷膜片的前表面，使膜片产生微小的形变，厚膜

图 7-12　陶瓷压力传感器

电阻印制在陶瓷膜片的背面，连接成一个单臂电桥，根据压阻效应，这将使电桥产生一个与激励电压成正比、与压力成正比的线性的电压信号，标准的信号根据压力量程的不同标定为 2.0/3.0/3.3mV/V 等，可以和应变式传感器相兼容。该传感器具有很高的温度稳定性和时间稳定性，并自带温度补偿 0~70℃，并可以和绝大多数介质直接接触。

（3）压电传感器 压电传感器中主要使用的压电材料包括有石英（二氧化硅）、酒石酸钾钠和磷酸二氢胺。其中石英是一种天然晶体，压电效应就是在这种晶体中发现的，在一定的温度范围之内，压电性质一直存在，但温度超过这个范围之后，压电性质则完全消失（这个温度就是所谓的"居里点"）。由于随着应力的变化电场变化微小（也就说压电系数比较低），所以石英逐渐被其他的压电晶体所替代。而酒石酸钾钠具有很大的压电灵敏度和压电系数，但是它只能在室温和湿度比较低的环境下才能够应用。磷酸二氢胺属于人造晶体，能够承受高温和相当高的湿度，所以已经得到了广泛的应用。

现在压电效应也应用在多晶体上，比如现在的压电陶瓷，包括钛酸钡压电陶瓷、锆钛酸铅压电陶瓷、铌酸盐系压电陶瓷、铌镁酸铅压电陶瓷等。

压电效应是压电传感器的主要工作原理，压电传感器不能用于静态测量，因为经过外力作用后的电荷，只有在回路具有无限大的输入阻抗时才能保存。这种情况在实际使用中是不容易做到的，所以这就决定了压电传感器只能够测量动态应力。

压电传感器主要应用在加速度、压力和力等的测量中。压电式加速度传感器是一种常用的加速度计。它具有结构简单、体积小、重量轻、使用寿命长等优点。压电式加速度传感器在飞机、汽车、船舶、桥梁和建筑的振动和冲击测量中已经得到了广泛的应用，特别是航空和宇航领域中更有它的特殊地位。压电式传感器也可以用来测量发动机内部燃烧压力的测量与真空度的测量，也可以用于军事工业，例如用它来测量枪炮子弹在膛中击发一瞬间膛压的变化和炮口的冲击波压力。而且，它既可以用来测量大的压力，也可以用来测量微小的压力。

压电式传感器也广泛应用在生物医学测量中，比如说心室导管式微音器就是由压电传感器制成的，因为测量动态压力是如此普遍，所以压电传感器的应用就非常广泛。

第二节 软起动器

软起动器是一种集电动机软起动、软停车、轻载节能等多种保护功能于一体的新型电动机控制装置。由于电动机直接起动时的冲击电流很大，特别是大功率电动机直接起动会对电网及其他负载造成干扰甚至危害电网的安全运行，所以根据不同工况，采取过许多种减压起动方式，早期有串联电抗或电阻、串联自耦变压器、星形—三角形联结转换等；从 20 世纪 70 年代开始出现了利用晶闸管调压技术制作的软起动器，后来又把功率因数控制技术结合进去，并采用单片机取代模拟控制电路，发展成为了智能化软起动器，其外形如图 7-13 所示。

图 7-13 智能化软起动器的外形

一、软起动器的分类

软起动器按照起动的工作原理可分为：固态晶闸管软起动器、液阻软动器（俗名叫液阻柜、水阻柜）、磁控软起动器、变频调速起动器。

各种软起动器性能指标的比较见表 7-1。

表 7-1　各种软起动器性能指标的比较

软起动方式	液阻软起动器	固态晶闸管软起动器	磁控软起动器	变频调速起动器
综合评价	一般	较好	较好	很好
实现软停止	难	容易	容易	非常容易
电动机保护	一般	完善	完善	最完善
高次谐波	小	大	大	较大
价格比	低	较高	低	最高
体积	大	小	较小	小
噪声	小	较小	大	较小
维护工作量	大	小	小	最小
环境要求	低	高	较低	高

二、软起动器的结构与原理

软起动器主要由串联于电源与被控制电动机之间的三相反并联晶闸管及其电子控制电路构成。软起动器实际上是一个晶闸管调压调速装置，通过改变晶闸管的导通角，就可以调节晶闸管的输出电压，其特点是使电动机的转矩与定子电压的二次方成正比。当采用软起动器起动电动机时，晶闸管的输出电压逐渐增加，电动机逐渐加速，直至晶闸管完全导通，从而使电动机工作在额定电压的机械特性上，如图 7-14 所示。

软起动器和变频器是两种完全不同用途的产品。变频器主要用于调速，其输出不但改变电压而且同时改变频率；软起动器实际上是个调压器，当电动机起动时，其输出只改变电压并没有改变频率。变频器具备软起动器所有的功能，但它的价格也比软起动器高许多，而且结构也复杂得多。

1. 电动机起动方式的选择

作为应用最广泛的笼型异步电动机，它采用减压起动的条件有 3 个：一是电动机起动时，机械不能承受全压起动的冲击转矩；二是电动机起动时，其端电压不能满足要求；三是电动机起动时，影响其他负荷的正常运行。笼型异步电动机传统的减压起动方式有丫—△起动、自耦减压起动、电抗器起动等。这些起动方式都属于有级减

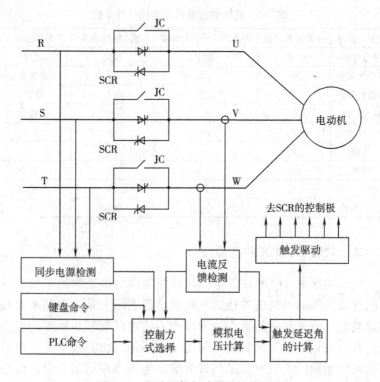

图 7-14　电动机软起动器的结构原理

压起动，存在明显缺点，即起动过程中出现二次冲击电流。所以目前最先进最流行的起动方式是采用软起动器。

运用串接于电源与被控制电动机之间的软起动器，控制其内部晶闸管的导通角，使电动机输入电压从零以预设函数关系逐渐上升，直至起动结束，赋予电动机全电压，即为软起动。在软起动过程中，电动机起动转矩逐渐增加，转速也逐渐增加。

软起动器几种常用起动方式的比较如下：

（1）限流起动　就是限制电动机的起动电流，它主要是用在轻载起动时降低起动压降，由于在起动时难以知道起动压降，不能充分利用压降空间，所以损失起动力矩，对电动机不利。

（2）斜坡电压起动　就是电压由小到大呈斜坡线性上升，它是将传统的减压起动从有级变成了无级，主要用在重载起动，它的缺点是初始转矩小，转矩特性抛物线形上升对拖动系统不利，且起动时间长有损于电动机。

（3）转矩控制起动 主要用在重载起动条件下，它是将电动机的起动转矩由小到大呈线性上升。它的优点是起动平滑，柔性好，对拖动系统有更好的保护，它的目的是保护拖动系统，延长拖动系统的使用寿命；同时降低电动机起动时对电网的冲击，是最优的重载起动方式。它的缺点是起动时间较长。

（4）转矩加突跳控制起动 它与转矩控制起动相仿，不同的是在起动的瞬间用突跳转矩克服电动机静转矩，然后转矩平滑上升，缩短起动时间。但是，突跳会给电网发送尖脉冲，干扰其他负荷。

（5）电压控制起动 它是用在轻载起动的场合，在保证起动压降下发挥电动机的最大起动转矩，尽可能地缩短了起动时间，是最优的轻载软起动方式。图 7-15 所示为几种常用的软起动器的起动方式。

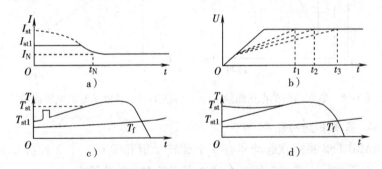

图 7-15 软起动器的起动方式

a）限流起动 b）斜坡电压起动

c）转矩加突跳变控制起动 d）转矩控制起动

2. 软起动与传统减压起动方式的不同之处

（1）无冲击电流 软起动器在起动电动机时，通过逐渐增大晶闸管的导通角，使电动机起动电流从零线性上升至设定值。

（2）恒流起动 软起动器可以引入电流闭环控制，使电动机在起动过程中保持恒流，确保电动机平稳起动。

（3）无级调整起动电流 根据负载情况及电网继电保护特性选

择，可自由地无级调整至最佳的起动电流。作为软起动器，首先要看它的起动性能和停车性能。

3. 软起动器的停车

软起动器的停车方式有 3 种：自由停车、软停车、制动停车。电子软起动带来最大的停车好处就是软停车和制动停车。软停车消除了由于自由停车带来的拖动系统反惯性冲击。制动停车在一定的场合代替了反接制动停车。

软起动器同时还提供软停车功能，软停车与软起动过程相反，电压逐渐降低，转速逐渐下降到零，避免自由停车引起的转矩冲击。软起动与软停车时的电压曲线如图 7-16、图 7-17 所示。

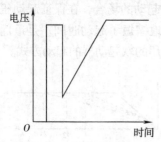

图 7-16　软起动时的电压曲线

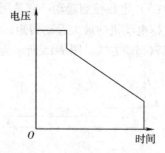

图 7-17　软停车时的电压曲线

4. 基本参数的设定

ABB PSS 系列软起动器有 3 个旋转设定开关和一个 2 位拨动开关，对于各种不同的应用场合都能完成基本参数的设定。

（1）起动曲线——设定起动时电压提升的时间　采用斜坡升压软起动时，由于这种起动方式最简单，不具备电流闭环控制，仅调整晶闸管导通角，使之与时间成一定函数关系增加。其缺点是，由于不限流，所以在电动机起动过程中，有时要产生较大的冲击电流使晶闸管损坏，对电网影响较大，实际很少应用。起动时间可在 1～30s 内调整。

（2）停止曲线——设定停止时间电压下降的速度　电动机停机时，传统的控制方式都是通过瞬间停电完成的。但有许多应用场合，不允许电动机瞬间关机。例如：高层建筑、大楼的水泵系统，如果瞬间停机，会产生巨大的"水锤"效应，使管道，甚至水泵遭到损坏。

为减少和防止"水锤"效应，需要电动机逐渐停机，即软停车，采用软起动器能满足这一要求。软起动器中的软停车功能是，晶闸管在得到停机指令后，从全导通逐渐地减小导通角，经过一定时间过渡到全关闭的过程。停车的时间根据实际需要可在 0~30s 内调整。

（3）初始电压/限流功能　设定起动曲线的开始电压水平以及停止曲线的终止电压水平。

1）初始电压：30%~70% 全电压范围内可调节 5 级。

2）限流功能：这种起动方式是在电动机起动的初始阶段起动电流逐渐增加，当电流达到预先所设定的值后保持恒定，直至起动完毕。起动过程中，电流上升变化的速率是可以根据电动机负载调整设定。若电流上升速率大，则起动转矩大，起动时间短。该起动方式是应用最多的起动方式，尤其适用于风机、泵类负载的起动。

三、软起动器的应用举例

通过软起动和其他起动方式的理论分析和比较，说明软起动可以在大型三相笼型交流异步电动机的起动上得以应用，故用电动机软起动器对一台老式空压机进行改造，以符合现场工作的需要。

1. 空压机改造前状况

已知空压机电动机的功率为 200 kW，改造前采用自耦变压器减压起动方式，由时间继电器实现电动机电压的切换控制，起动不稳定，故障率较高。主接触器采用 CJ10 型交流接触器，触头经常烧坏，且对电网影响严重，考虑采用软起动器实现电动机的平稳起动和运行。

2. 软起动器和其他元件的选型

根据空压机的实际情况，可以选择 FTR-G 型软起动器，此软起动器是基于最新的微处理器技术设计出来的，用于实现笼型异步电动机的软起动和软停止。它还附带了几种先进的电动机保护功能，具有多种集成的保护和报警功能，几乎可以检测到所有故障，并将其显示出来。根据需要，还要对熔断器、旁路接触器和热保护继电器进行适当的选型。

3. 软起动器的接线和控制

当电动机起动时，由电子电路控制晶闸管的导通角使电动机的端电压以设定的速度逐渐升高，一直升到全电压，使电动机实现无冲击起动到控制电动机软起动的过程。当电动机起动完成并达到额定电压时，使三相旁路接触器闭合，电动机直接投入电网运行。空压机起动时是空载，则在正常运行时，保持了所需的较低端电压，使电动机的功率因数升高，效率增大。在电机停机时，也通过控制晶闸管的导通角，使电动机端电压慢慢降低至 0，从而实现软停机。

第三节　交流变频器

变频器是利用电力半导体器件的通断作用将工频电源变换为另一频率的电源控制装置，如图 7-18 所示，它在工业和生活中都得到了广泛的应用，如数控机床、变频式空调器等。目前变频器的品牌

图 7-18　变频器的外形

较多，比较典型的厂家如：德国的西门子，美国的 ABB，日本的富士、安川、三菱，中国台湾的台安、台达等。

一、变频器的分类

（1）按照变频原理分类　可分为交—交变频和交—直—交变频。

1）交—交变频：是将交流电直接改变频率从而改变电压大小。

2）交—直—交变频：是将先将工频（50Hz）交流电源通过整流器转换成直流电源，然后再将直流电转换成频率、电压均可控制的交流电源。

（2）主电路分类　可分为电压型和电流型。

1）电压型：就是将电压源的直流变换为交流的变频器，直流回路的滤波是电容。

2）电流型：就是将电流源的直流变换为交流的变频器，其直流回路滤波是电感。

二、变频器的结构与原理

1. 变频器的结构

变频器一般主要由整流、中间直流环节、逆变和控制等部分组成，如图 7-19 所示。

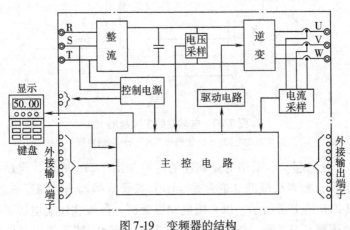

图 7-19　变频器的结构

整流部分为三相桥式不可控整流器；中间直流环节为滤波、直流储能和缓冲无功功率器件；逆变部分为 IGBT 三相桥式逆变器，用来输出为 PWM 波形；控制部分用来调整变频器的各个参数。

2. 变频器的原理

（1）电动机的工频起动和变频起动

1）工频起动　这里所指的工频起动是指电动机直接接上工频电源的起动，也叫做直接起动。根据电动机同步转速公式 $n = \dfrac{60f}{P}$，将工频为 50Hz、电压为 380V 的交流电源直接接入四极三相异步电动机，在接通电源的瞬间可得到高达 1500r/min 的同步转速。由于转速和电压都很高，所以电动机瞬间的起动电流也很高，可达到额定电流的 4~7 倍。

工频起动存在的问题：当电动机的功率较大时，起动电流大会对电网造成冲击，对生产机械的冲击也会很大，影响设备的使用寿命，如图 7-20 所示。

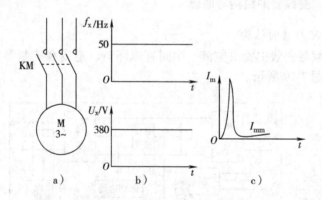

图 7-20　电动机的工频起动
a）起动电路　b）频率与电压　c）起动电流

2）变频起动。采用变频调速的电路如图 7-21a 所示。起动过程的特点有：频率从最低（通常是 0 Hz）按预置的加速时间逐渐上升，如图 7-21b 的上部所示，以 4 极电动机为例。假设在接通电源瞬间将起动频率降至 0.5Hz，则同步转速只有 15r/min，转子绕组与旋转磁场的相对速度只有工频起动时的 1%。

$$n_{\mathrm{m}} = \frac{60 f_{\mathrm{x}} (1 - s)}{p} \tag{7-2}$$

$$s = \frac{(n_0 - n_{\mathrm{m}})}{n_0} \tag{7-3}$$

式中 n_{m}——电动机轴上的转速；

　　f_{x}——下降了的频率（Hz）；

　　p——磁极对数；

　　s——转差率；

　　n_0——同步转速（旋转磁场的转速）（r/min）。

电动机输入电压也从最低电压开始逐渐上升，如图 7-21b 的下部所示。转子绕组与旋转磁场的相对速度很低，故起动瞬间的冲击电流很小。同时，通过逐渐增大频率减缓了电动机的起动过程。若在整个起动过程中使同步转速 n_0 与转子转速 n_{m} 之间的转差 $\triangle n$ 限制在一定范围内，则起动电流也将限制在一定范围内，如图 7-21c 所示。另一方面，变频起动也减小了电动机起动过程中的动态转矩，加速过程将能保持平稳，减小了对生产机械的冲击。

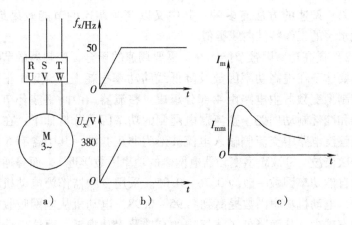

图 7-21　电动机的变频起动

a）起动电路　b）频率与电压　c）起动电流

（2）变频器的调速与节能　三相异步电动机常用调速方法有 3 种，其中通过改变电动机的极对数 p 来改变转速的方法是有级差的，不能实现无级调速。改变转差率 s 的调速方法虽然能达到无级调速，但主要应用在小功率电动机调速上，并存在故障率高，整体效率低的缺点，不适用于大功率电动机调速。改变定子频率，电动机转速与电源频率成正比，改变电源频率即可改变电动机的转速 n，从而实现变频调速。变频器所运用的调速方法就是改变定子频率进行调速。

变频器的节能原理可分为：变频调速节能、提高功率因数节能、软起动节能。

1）变频调速节能。当设备容量偏大时，工频运行设备将产生大量的浪费，即"大马拉小车"的情况。而利用变频调速，可以使设备降速运行从而产生的节能效果是相当可观的。下面以风机泵类负载说明变频调速的节能原理。风机泵类负载主要用于控制流体的流量。在实际应用中，风机水泵的容量往往偏大，并且流量需要根据工艺要求来调节。流量的调节方法有两种：一是控制阀门开度，此方法虽能减少部分输入功率，但却有相当部分能量损失在调节阀门上，节能效果较差。二是采用调速式控制流量，可达到很好的节能效果。调速的方法有多种，其中又以变频调速的节能效果最好，风机水泵的工作特性曲线类似。

2）提高功率因数节能。在不需要调速的场合，变频器的节能效果主要体现在提高功率因数及降低线路功率损耗上。SPWM 正弦脉宽调制型变频器主电路由 4 部分组成：整流器、中间平波环节、逆变器和能耗制动回路。整流器电网侧的功率因数分析如下：在三相桥式整流电路中交流侧输入电流波形为非正弦波，其中含有 5 次以上奇次谐波，SPWM 型变频器电网侧的功率因数接近 1，而普通电动机的自然功率因数一般为 0.76 ~ 0.85。采用变频器作为电动机的电源后，电动机功率因数提高到 0.95 ~ 0.98，电动机从电网吸收的无功功率减少，从而降低了线路中的有功及无功损耗，而这部分损耗是无法通过低压配电室的并联电容器来补偿的。

3）软起动节能。电动机全压起动或采用丫-△、自耦变压器减压起动时，起动电流为 4~6 倍的额定电流。这样大的起动电流除增大电动机自身的铜损外，还会加大线路功率损耗，引起线路电压波动，对机械设备和电网造成冲击。

三、变频器的应用举例

利用台达变频器改造 CA6140 型车床的主拖动系统：根据某企业要求，将 CA6140 型车床主轴拖动系统进行改造，改造后 CA6140 型车床主轴可实现有级调速 + 无级调速。

1. 改造基本要求

根据 CA6140 型机车的使用环境提出改造要求，基本要求如下：

1）继续使用原机床主轴电动机。

2）主轴电动机可在工频和变频两种状态下自由切换，且操作要快捷方便。

3）变频器改造机床后，不改变机床的操作习惯。

改造过程中应首先考虑变频器的选型；然后确定具体的改造方案，包括主轴电动机电路和控制电路的设计；最后根据使用要求，确定主轴电动机转速等参数，并接线调试。

2. 变频器的选型

原 CA6140 型车床主轴电动机为三相异步电动机，极数为 4 极，额定功率 7.5kW，额定电压 380V。根据使用要求，在满足性能的前提下选用性价比较高的台达 VFD—S 型变频器。它是一款多功能简易型变频器，具有响应速度快，精度高，输出转矩大以及定位控制等特点，广泛应用于机床、电梯、起重设备等各种场合。

3. 电气控制电路的改造

根据 CA6140 型车床特点和企业要求来确定改造方案，为降低改造成本及缩短施工时间，故不改变车床的机械部分，只对其电气控制电路进行改造。改造后，车床主轴转速将由主轴齿轮变速箱调速与变频器调速共同决定，这种调速方法将齿轮传动的有级调速与变频器无级调速相结合，扩大了主轴调速范围。如图 7-22 所示的机床电气改造线路，在原机床基础上增加了 VFD—S 型变频器、按钮、交流接触器以及配套元件。应注意的是，接触器 KM_B 与 KM_Y

必须互锁，以防止变频器输出端与 380V 电源相连，造成变频器损坏。

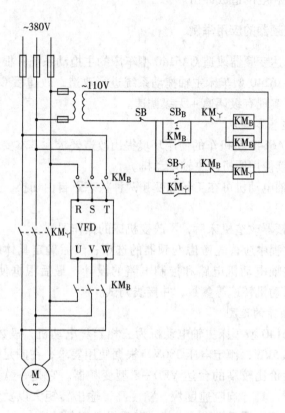

图 7-22　机床电气控制电路的改造

4. 变频器的外部接线及参数设定

根据改造要求设计变频器外部接线，如图 7-23 所示。

由于变频器的各种参数均为出厂值，所以应根据实际需要对变频器的参数进行调整设定。本次机床改造只要求改变电动机转速，所以在此只对必要的参数进行修改，见表 7-2。电动机的起动和停止由 SB$_Y$ 控制，运行频率由电位器 R 给定，其频率调整范围设定 0 ~ 50Hz。主轴的转速范围由调速手柄和电位器 R 共同决定。

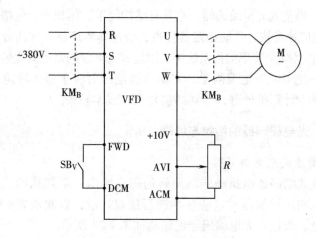

图 7-23 变频器外部接线

表 7-2 变频器的参数设定

参数	名 称	出厂值	意 义	调整值	意 义
00-10	控制方式	0	V/F 控制	2	矢量控制
00-20	频率指令来源	0	键盘输入	2	外部模拟输入
00-21	运转指令来源	0	RS485/键盘	1	外部端子/键盘
01-02	第一输出电压	440	440V	380	380V
05-00	电动机参数自动测量	0	无功能	1	测量
05-05	电动机极数	4	4 极	4	4

第四节 光电编码器

光电编码器是一种旋转式位置传感器，在现代伺服控制系统中广泛应用于角位移或角速率的测量，它的转轴通常与被测轴相连接，并随被测轴一起转动，将被测轴的角位移或角速率转换成二进制编码或一串脉冲。

267

一、光电编码器的分类

光电编码器分为：增量式和绝对式两种。

（1）增量式光电编码器　它具有结构简单、体积小、价格低、精度高、响应速度快、性能稳定等优点，应用非常广泛。在高分辨率和大量程角位移/角速率测量系统中，增量式光电编码器更具优越性。

（2）绝对式光电编码器　它能直接给出对应于每个转角的数字信息，便于计算机处理，但其结构复杂、成本较高。

二、光电编码器的结构与原理

1. 增量式光电编码器

增量式编码器是指随转轴旋转的码盘给出一系列脉冲，然后根据旋转方向用计数器对这些脉冲进行加减计数，以此来表示转过的角位移量。增量式光电编码器的结构如图 7-24 所示。

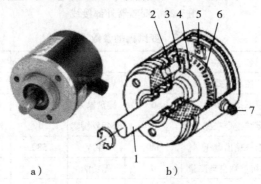

图 7-24　增量式光电编码器的结构

a）外形　b）内部结构

1—转轴　2—发光二极管　3—光拦板　4—零位标志槽
5—光敏元件　6—码盘　7—电源及信号连接座

（1）增量式光电编码器的结构　光电码盘采用玻璃材料制成，与转轴连接在一起，并在表面镀上一层不透光的金属铬，然后在边缘制成向心的透光狭缝。透光狭缝在码盘圆周等分为几百条甚至几千条。这样，整个码盘圆周就被等分成多个透光的槽。增量式光电码盘也可用不锈钢薄板制成，然后在圆周边缘切割出均匀分布的透光槽。

（2）增量式光电编码器的原理　如图 7-25 所示，它由主码盘、鉴向盘、光学系统和光电变换器组成。在圆形的主码盘周边刻有节距相等的辐射状透光狭缝，形成均匀分布的透明区和不透明区。鉴向盘与主码盘平行，并刻有 A、B 两组透光检测狭缝，它们彼此错开 1/4 节距，以使 A、B 两个光电变换器的输出信号在相位上相差 90°。工作时，鉴向盘静止不动，主码盘随转轴一起转动，光源发出的光投射到主码盘与鉴向盘上。当主码盘上的不透明区正好与鉴向盘上的透光狭缝对齐时，光线全部被遮住，光电变换器输出电压为最小；当主码盘上的透明区与鉴向盘上的透明狭缝对齐时，光线全部通过，光电变换器输出的电压为最大。主码盘每转过一个刻线周期，光电变换器将输出一个近似的正弦波电压，而且光电变换器 A、B 的输出电压相位差为 90°。光电编码器的光源最常用的是发光二极管。当光电码盘随工作轴一起转动时，光线透过主码盘和鉴向盘狭缝，形成忽明忽暗的光信号。光敏元件把此光信号转换成电脉冲信号，通过信号处理电路后，向控制系统输入脉冲信号，也可由数码管直接显示位移量。光电编码器测量的准确度与码盘圆周上的狭缝条纹数 (n) 有关，能分辨的角度为 360°/n。例如：码盘边缘的透光槽数为 1024 个，则能分辨的最小角度 $a = 360°/1024 = 0.352°$。为了判断码盘旋转的方向，必须在鉴向盘上设置两个狭缝，其距离是主码盘上的两个狭缝距离的 (m + 1/4) 倍 (m 为正整数)，并设置了两组对应的光敏元件，如图 7-25 中的 A、B 光敏元件，有时也称为 sin 元件、cos 元件。当检测对象旋转时，同轴安装的光电编码器便会输出 A、B 两路相位相差 90° 的数字脉冲信号。光电编码器的输出波形如图 7-26 所示。为了得到码盘转动的绝对位置，还必须设置一个基准点，如图 7-24 中的"零位标志槽"。码盘每转一圈，零位标志槽对应的光敏元

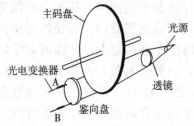

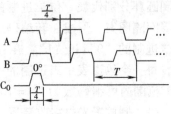

图 7-25　增量式光电编码器的工作原理　　图 7-26　光电编码器的输出波形

件产生一个脉冲，称为"一转脉冲"，如图 7-26 中的脉冲。图 7-26 给出编码器正反转时 A、B 信号的波形及其时序关系，当编码器正转时，A 信号的相位超前 B 信号 90°，如图 7-27a 所示；反转时则 B 信号相位超前 A 信号 90°，如图 7-27b 所示。A 和 B 输出的脉冲个数与被测角位移变化量成线性关系，因此，通过对脉冲个数计数就能计算出相应的角位移。根据 A 和 B 之间的这种关系就能正确地解调出被测机械的旋转方向和旋转角位移及速率就是所谓的脉冲辨向和计数。脉冲的辨向和计数既可用软件实现也可用硬件实现。

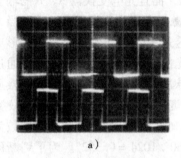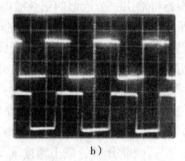

图 7-27　光电编码器的正转和反转波形

a）A 超前于 B，判断为正向旋转　b）B 超前于 A，判断为反向旋转

2. 绝对式光电编码器

绝对式光电编码器是把被测转角通过读取码盘上的图案信息直接转换成相应代码的检测元件。编码盘有光电式、电磁式和接触式三种。光电式码盘是目前应用较多的一种，它在透明材料的圆盘上精确地印制上二进制编码。图 7-28 所示为四位二进制码盘，码盘上各圈圆环分别代表一位二进制的数字码道，在同一个码道上印制黑白等间隔图案，形成一套编码。黑色不透光区和白色透光区分别代表二进制的"0"和"1"。在一个四位光电码盘上，有四圈数字码道，每一个码道表示二进制的一位，内侧是高位，外侧是低位，在 360°范围内可编码数为 $2^4 = 16$ 个。当工作时，码盘的一侧放置电源，另一侧放置光电接收装置，每个码道都对应有一个光电管以及放大、整形电路。码盘转到不同位置，光敏元件即接收不同的光信号，并转成相应的电信号，经放大、整形后，成为相应数字电信号。

但由于受生产和安装精度的影响，当码盘回转在两码段交替过程中，会产生读数误差。例如：当码盘顺时针方向旋转，由位置"0111"变为"1000"时，这四位数要同时变化，可能将数码误读成16种代码中的任意一种，如误读成1111、1011、1101、0001等，产生了很大的数值误差，这种误差称非单值性误差。为了消除非单值性误差，可采用以下的方法：

（1）循环码盘（又称为格雷码盘）　循环码习惯上又称为格雷码，它也是一种二进制编码，只有"0"和"1"两个数。图7-29所示为四位二进制循环码盘。这种编码的特点是任意相邻的两个代码间只有一位代码有变化，即"0"变为"1"或"1"变为"0"。因此，在两数变换过程中，所产生的读数误差最多不超过"1"，只可能读成相邻两个数中的一个数。所以，它是消除非单值性误差的一种有效方法。

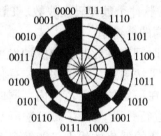
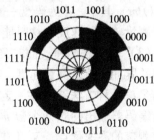

图7-28　四位二进制循环码盘（一）　　图7-29　四位二进制循环码盘（二）

（2）带判位光电装置的二进制循环码盘　这种码盘是在四位二进制循环码盘的最外圈再增加一圈信号位。图7-30所示就是带判位光电装置的二进制循环码盘。该码盘最外圈上信号的位置正好与状态交线错开，只有当信号位处的光敏元件有信号时才读数，这样就不会产生非单值性误差。

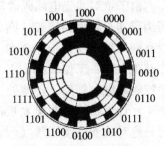

三、光电编码器的应用举例

1. 角编码器测量轴转速

除了能直接测量角位移或间接测

图7-30　带判位光电装置的二进制循环码盘

量直线位移外，还可以测量轴的转速。由于增量式角编码器的输出信号是脉冲形式，因此，可以通过测量脉冲频率或周期的方法来测量转速。角编码器可代替测速发电机的模拟测速，而成为数字测速装置。根据脉冲计数来测量转速的方法有以下三种：

（1）M法测速　在规定时间内测量所产生的脉冲个数来获得被测速度，称为M法测速；在一定的时间间隔内（又称为闸门时间，如0.1s、1s、10s等），用角编码器所产生的脉冲数来确定速度的方法称为M法测速。这种方法测量准确度较低。

（2）T法测速　测量相邻两个脉冲的时间来测量速度，称为T法测速。T法测速的原理是用一已知频率 f（此频率一般都比较高）的时钟脉冲向一计数器发送脉冲，计数器的起停由码盘反馈的相邻两个脉冲来控制。若计数器读数为 m，则电动机每分钟转速为：$n = 60f/(Pm)$ 其中，P 为码盘一圈发出的脉冲个数即码盘线数。T法适合于测量较低的速度，这时能获得较高的分辨率。

（3）M/T法测速　同时测量检测时间和在此时间内脉冲发生器发出的脉冲个数来测量速度，称为M/T法测速。M/T法测速是将M法和T法两种方法结合在一起使用，在一定的时间范围内，同时对光电编码器输出的脉冲个数 m_1 和 m_2 进行计数。采用M/T法既具有M法测速的高速优点，又具有T法测速的低速的优点，能够覆盖较广的转速范围，测量的精度也较高，在电动机的控制中有着十分广泛的应用。

2. 应用实例

由于绝对式光电编码器每个转角位置均有一个固定的编码输出，若编码器与转盘相连接，则转盘上每一工位安装的被加工工件均可以有一个编码相对应。转盘工位编码器的工作原理如图7-31所示。当转盘上某一工位转到加工点时，该工位对应的编码由编码器输出给控制系统。例如，要使处于工位4上的工件转到加工点等待钻孔加工，计算机就控制电动机通过带轮带动转盘逆时针旋转。与此同时，绝对式光电编码器（假设为4码道）输出的编码不断变化。设工位1的绝对二进制码为0000，当输出从工位3的0010，变为0011时，表示转盘已将工位4转到加工点，电动机停转。

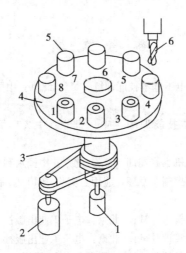

图 7-31　转盘工位编码器的工作原理

1—绝对式编码器　2—电动机　3—转轴　4—转盘　5—工件　6—刀具

复习思考题

1. 软起动器如何分类？

2. 简述软起动器的结构及原理。

3. 电动机软起动有哪几种方式？

4. 软起动器的停车方式有哪几种？

5. 软起动器与变频器的区别有哪些？

6. 变频器按照工作原理分为哪几类？

7. 变频器由哪几部分组成？

8. 什么是光电编码器？

9. 为了消除非单值性误差，可采用何种方法？

10. 按光敏元件输出量性质不同，光敏传感器可分为哪两类？

11. 模拟式光敏传感器按被测量（检测目标物体）可分为哪几类？

12. 温度传感器按传感器与被测介质的接触方式可分为哪几类？

13. 光电编码器如何分类？

14. 光电编码器测速的常用方法有哪些？

参 考 文 献

[1] 肖建章. 高级维修电工基本技能训练 [M]. 北京：中国劳动社会保障出版社，2004.

[2] 金柏芹. 电工基本技能训练 [M]. 北京：中央广播电视大学出版社，2005.

[3] 马香普，毛源. 电机维修实训 [M]. 北京：中国水利水电出版社，2004.

[4] 常斗南. 可编程序控制器原理、应用、实验 [M]. 2 版. 北京：机械工业出版社，1998.

[5] 张莹. 工厂供配电技术 [M]. 北京：电子工业出版社，2003.

[6] 袁维义. 电工技能实训 [M]. 北京：电子工业出版社，2003.

[7] 房金菁，阎伟. 电气控制 [M]. 济南：山东科学技术出版社，2005.

[8] 庄建源，张志林. 职业技能鉴定国家题库考试复习指导丛书——维修电工（中级）[M]. 东营：石油大学出版社，2002.

[9] 李敬梅. 电力拖动控制线路与技能训练 [M]. 3 版. 北京：中国劳动和社会保障出版社，2001.

[10] 唐德，等. 电工工艺学 [M]. 北京：机械工业出版社，1980.

[11] 杨萃南. 电工与电子技术实训 [M]. 北京：电子工业出版社，2002.

[12] 叶水春. 电工电子实训教程 [M]. 北京：清华大学出版社，2004.

读者信息反馈表

感谢您购买《维修电工（中级）鉴定培训教材》一书。为了更好地为您服务，有针对性地为您提供图书信息，方便您选购合适图书，我们希望了解您的需求和对我们教材的意见和建议，愿这小小的表格为我们架起一座沟通的桥梁。

姓　名		所在单位名称	
性　别		所从事工作（或专业）	
通信地址		邮　编	
办公电话		移动电话	
E-mail			

1. 您选择图书时主要考虑的因素（在相应项前画✓）
（　　）出版社（　　）内容（　　）价格（　　）封面设计（　　）其他
2. 您选择我们图书的途径（在相应项前画✓）
（　　）书目（　　）书店（　　）网站（　　）朋友推介（　　）其他

希望我们与您经常保持联系的方式：
　　　　　　　□ 电子邮件信息　　□ 定期邮寄书目
　　　　　　　□ 通过编辑联络　　□ 定期电话咨询

您关注（或需要）哪些图书和教材：

您对我社图书出版有哪些意见和建议（可从内容、质量、设计、需求等方面谈）：

您今后是否准备出版相应的教材、图书或专著（请写出出版的专业方向、准备出版的时间、出版社的选择等）：

　　非常感谢您能抽出宝贵的时间完成这张调查表的填写并回寄给我们，您的意见和建议一经采纳，我们将有礼品回赠。我们愿以真诚的服务回报您对机械工业出版社技能教育分社的关心和支持。

请联系我们——
地址　北京市西城区百万庄大街22号　机械工业出版社技能教育分社
邮编　100037
社长电话　（010）88379080，88379083；68329397（带传真）
E-mail　jnfs@ mail. machineinfo. gov. cn
机械工业出版社网址：http：//www. cmpbook. com
教材网网址：http：//www. cmpedu. com

国家职业资格培训教材——鉴定培训教材系列

车工（中级）鉴定培训教材　　　　　车工（高级）鉴定培训教材

铣工（中级）鉴定培训教材　　　　　铣工（高级）鉴定培训教材

磨工（中级）鉴定培训教材　　　　　磨工（高级）鉴定培训教材

数控车工（中级）鉴定培训教材　　　数控车工（高级）鉴定培训教材

数控铣工/加工中心操作工（中级）鉴定　数控铣工/加工中心操作工（高级）鉴定
培训教材　　　　　　　　　　　　　培训教材

模具工（中级）鉴定培训教材　　　　模具工（高级）鉴定培训教材

钳工（中级）鉴定培训教材　　　　　钳工（高级）鉴定培训教材

机修钳工（中级）鉴定培训教材　　　机修钳工（高级）鉴定培训教材

汽车修理工（中级）鉴定培训教材　　汽车修理工（高级）鉴定培训教材

制冷设备维修工（中级）鉴定培训教材　制冷设备维修工（高级）鉴定培训教材

维修电工（中级）鉴定培训教材　　　维修电工（高级）鉴定培训教材

铸造工（中级）鉴定培训教材　　　　铸造工（高级）鉴定培训教材

焊工（中级）鉴定培训教材　　　　　焊工（高级）鉴定培训教材

冷作钣金工（中级）鉴定培训教材　　冷作钣金工（高级）鉴定培训教材

热处理工（中级）鉴定培训教材　　　热处理工（高级）鉴定培训教材

涂装工（中级）鉴定培训教材　　　　涂装工（高级）鉴定培训教材

国家职业资格培训教材——操作技能鉴定实战详解系列

车工（中级）操作技能鉴定实战详解　涂装工（中级）操作技能鉴定实战详解

铣工（中级）操作技能鉴定实战详解　车工（高级）操作技能鉴定实战详解

数控车工（中级）操作技能鉴定实战详解　铣工（高级）操作技能鉴定实战详解

数控铣工/加工中心操作工（中级）操作　数控车工（高级）操作技能鉴定实战详解
技能鉴定实战详解　　　　　　　　　数控铣工/加工中心操作工（高级）操作

模具工（中级）操作技能鉴定实战详解　技能鉴定实战详解

钳工（中级）操作技能鉴定实战详解　模具工（高级）操作技能鉴定实战详解

机修钳工（中级）操作技能鉴定实战详解　钳工（高级）操作技能鉴定实战详解

汽车修理工（中级）操作技能鉴定实战详解　机修钳工（高级）操作技能鉴定实战详解

制冷设备维修工（中级）操作技能鉴定实　汽车修理工（高级）操作技能鉴定实战详解
战详解　　　　　　　　　　　　　　制冷设备维修工（高级）操作技能鉴定实

维修电工（中级）操作技能鉴定实战详解　战详解

铸造工（中级）操作技能鉴定实战详解　维修电工（高级）操作技能鉴定实战详解

焊工（中级）操作技能鉴定实战详解　铸造工（高级）操作技能鉴定实战详解

冷作钣金工（中级）操作技能鉴定实战详解　焊工（高级）操作技能鉴定实战详解

热处理工（中级）操作技能鉴定实战详解　冷作钣金工（高级）操作技能鉴定实战详解

热处理工（高级）操作技能鉴定实战详解

涂装工（高级）操作技能鉴定实战详解

车工（技师、高级技师）操作技能鉴定实战详解

数控车工（技师、高级技师）操作技能鉴定实战详解

数控铣工（技师、高级技师）操作技能鉴定实战详解

钳工（技师、高级技师）操作技能鉴定实战详解

维修电工（技师、高级技师）操作技能鉴定实战详解

焊工（技师、高级技师）操作技能鉴定实战详解

国家职业资格培训教材——职业技能鉴定考核试题库系列

机械识图与制图鉴定考核试题库

机械基础鉴定考核试题库

电工基础鉴定考核试题库

车工职业技能鉴定考核试题库

铣工职业技能鉴定考核试题库

磨工职业技能鉴定考核试题库

数控车工职业技能鉴定考核试题库

数控铣工/加工中心操作工职业技能鉴定考核试题库

模具工职业技能鉴定考核试题库

钳工职业技能鉴定考核试题库

机修钳工职业技能鉴定考核试题库

汽车修理工职业技能鉴定考核试题库

制冷设备维修工职业技能鉴定考核试题库

维修电工职业技能鉴定考核试题库

铸造工职业技能鉴定考核试题库

焊工职业技能鉴定考核试题库

冷作钣金工职业技能鉴定考核试题库

热处理工职业技能鉴定考核试题库

涂装工职业技能鉴定考核试题库

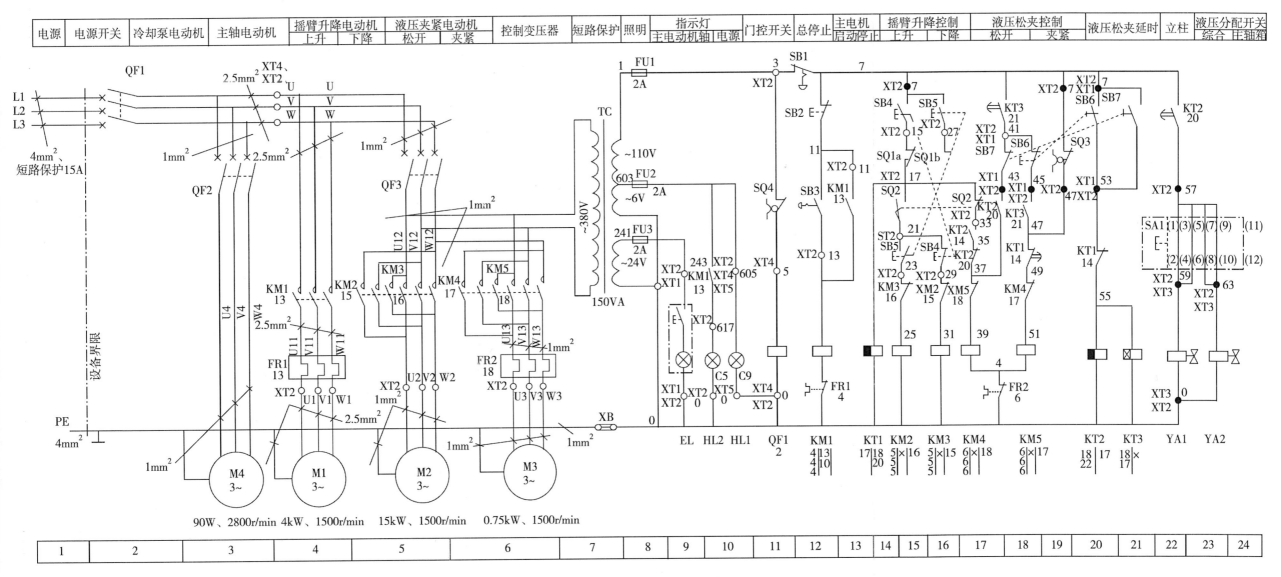

图4-15　Z3040型摇臂钻床的电气控制电路